全国高等农林院校“十二五”规划教材
数学实验系列指导

数学实验

数学与应用数学分册

魏福义　张　昕　总主编
张　昕　张伟峰　主　编

中国农业出版社

内 容 简 介

本书是“数学实验系列指导”之一，概括了数学与应用数学专业(含金融数学方向)共23门课程的111个实验，共448学时。实验项目分为基础演示性实验、验证设计性实验和建模探究性实验三种类型。

第1章大学计算机基础实验(8个实验共16学时)；第2章C语言程序设计实验(8个实验共16学时)；第3章概率论与数理统计实验(7个实验共32学时)；第4章微观经济学实验(5个实验共32学时)；第5章MATLAB程序设计实验(5个实验共32学时)；第6章数值分析实验(5个实验共16学时)；第7章数据库原理与方法实验(4个实验共16学时)；第8章运筹学与最优化方法实验(5个实验共16学时)；第9章宏观经济学实验(8个实验共32学时)；第10章金融学概论实验(4个实验共16学时)；第11章计量经济学实验(4个实验共16学时)；第12章数学建模实验(4个实验共16学时)；第13章分形与混沌实验(4个实验共16学时)；第14章数学物理方法实验(3个实验共16学时)；第15章国际金融实验(4个实验共16学时)；第16章金融工程实验(4个实验共16学时)；第17章计算智能与智能系统实验(4个实验共16学时)；第18章计算机图形学与虚拟现实实验(6个实验共16学时)；第19章数据挖掘实验(4个实验共16学时)；第20章计算机信息安全实验(4个实验共16学时)；第21章金融数学实验(4个实验共32学时)；第22章证券投资分析实验(4个实验共16学时)；第23章保险精算实验(4个实验共16学时)。全书以MATLAB、SAS、SPSS、Excel、Eviews和LINGO等软件为实验平台。附录提供了基础演示性实验，验证设计性实验和建模探究性实验报告样例各一份。

本书的实验内容和实验类型相互独立，可供不同学时，不同类型的学校作为数学与应用数学专业的数学实验指导书，也适用于数学系其他专业或非数学系专业的研究生、高年级大学生或教师选用，还可以作为数学软件爱好者的参考书，也可供对应用数学感兴趣的教师以及科技工作者阅读。

编 写 人 员

主　　编　张　昕　张伟峰

副 主 编　江雪萍　王　凯　管　琳

参　　编　（按姓名笔画排序）

王　霞　刘鹏飞　李娇娇　李　倩　张连宽

张胜祥　陆　琪　罗志坚　周　燕　袁利国

徐小红　郭子君　黄小虎　梁茹冰　彭泓毅

廖　彬

“数学实验系列指导”
序　言

“理解数学、研究数学与发展数学，都离不开对数学的本质、数学与生产实际、自然科学乃至人类文化的关系的认识”。数学水平是一个民族的文化修养与智力发展的重要度量。对数学本质的认识，经常忽略它是人类文化的重要组成部分。

近年来，随着科学的发展、技术的进步、数学软件的涌现，特别是高性能计算机和计算技术的飞速发展，数学应用的深度和广度都得到大幅度的拓展，我国大学生的数学实验课学时大大增加。

“数学实验系列指导”包括《数学实验·数学与应用数学分册》23门实验课(111个实验共448学时)、《数学实验·信息与计算科学分册》22门实验课(108个实验共368学时)、《数学实验·统计学分册》16门实验课(93个实验共400学时)三个分册，分别是数学与应用数学专业、信息与计算科学专业、统计学专业开设数学实验的主教材。系列教材共包含61门实验课，312个实验，共1216学时。实验项目分为以下三种类型：(1) 基础演示性实验：主要包含基于数学运算的计算机实现；基本图形或基本数据的获取，以实现对研究对象的数学感性认识。(2) 验证设计性实验：主要指根据已知条件和数据，自己设计实验步骤，验证命题或相关结论。(3) 建模探究性实验：根据已知条件和相关数据，建立数学模型，利用数学软件，设计求解方法，得到相应的结论并进行讨论。每个实验相互独立，可供不同层次、不同专业的学生根据实际情况选用。

“数学实验系列指导”得到华南农业大学数学与信息学院数学系领导和广大教师的大力支持，也得到中国农业出版社的鼎力协助，在此表示衷心感谢。

我国数学专业的实验教学书籍较少，处于一个亟待完善的阶段。编者在数学实验的内容、思想和方法上做了认真思考和提炼，希望能在这方面做出有益的探索和尝试，但教程中难免存在不足和疏漏，恳请广大读者批评指正。

魏福义　张昕

2015 年 4 月于广州

前　言

根据教育部1998年颁布的普通高等院校专业目录，数学与应用数学专业是培养掌握数学科学的基本理论与基本方法，具备运用数学知识、使用计算机解决实际问题的能力，受到科学研究的初步训练，能在科技、教育和经济部门从事研究、教学工作或在生产经营及管理部门从事应用、开发研究和管理工作的专业人才。

本教材是全国高等农林院校"十二五"规划教材，由华南农业大学、山西农业大学、东北农业大学、河北农业大学、沈阳农业大学五所高等院校中多年从事数学实验课程教学的教师编写而成，适用于理工、农林、水产等院校各专业作为实验课程使用。

《数学实验·数学与应用数学分册》是"数学实验系列指导"的一个分册，它是将数学与应用数学(含金融数学)专业的理论课程，按照其顺序把相应的实验课程分离出来编写的实验指导书，包含23门数学实验课程111个实验项目，共448学时。实验项目分为以下三种类型：(1) 基础演示性实验：主要包含基于数学运算的计算机实现；基本图形或基本数据的获取，以实现对研究对象的数学感性认识。(2) 验证设计性实验：主要指根据已知条件和数据，自己设计实验步骤，验证命题或相关结论。(3) 建模探究性实验：根据已知条件和相关数据，建立数学模型，利用数学软件，设计求解方法，得到相应的结论并进行讨论。

本书内容新颖，叙述严谨，分类独特，表达流畅。书中实验相互独立。教师可根据本校具体情况适当选择内容。本书可供各类高等院校数学系数学与应用数学专业选用，也适用于数学系其他专业或计算机、工程类等学科选用。

数学系的专业实验指导教程的编写属于新探索和新尝试，本书迈出探索的第一步，希望能对开设数学实验课程有所帮助。书中难免存在不足和疏漏之处，恳请广大读者批评指正。

编　者

2015年于广州

目　录

第 1 章　大学计算机基础

大学计算机基础实验是计算机科学导论课程配套的实验，实验的内容包含了 Windows 操作系统、文字处理软件 Word、电子表格软件 Excel 、演示文稿软件 PowerPoint 、计算机算法、计算机程序设计语言、计算机网络与 Internet 应用．实验进程的编排与计算机科学导论课程同步，内容循序渐进、由浅入深，便于学生在学习过程中自主地完成实验任务．每个实验都包括实验目的、实验理论与方法、实验内容、实验仪器、实验步骤与结果分析、收获与思考六部分．通过操作练习，使学生熟悉常用软件和网络技术、培养学生动手能力和应用能力．

1.1　Windows 的基本操作Ⅰ

实验类型为基础演示性实验；实验学时为两学时．

1.1.1　实验目的

1. 了解 Windows 操作系统．

2. 掌握桌面、窗口和菜单的基本操作．

3. 学习使用应用程序“画图”和“写字板”．

4. 学习在不同的程序文档之间交换信息．

1.1.2　实验理论与方法

1. Windows 操作系统的用途

(1) Windows 是微软公司研发的一套桌面操作系统．

(2) 操作系统(Operating System，简称 OS)是管理和控制计算机硬件和软件资源的计算机程序，是直接运行在硬件上的最基本的系统软件，任何其他软件都必须在操作系统的支持下才能运行．

(3) 操作系统是用户和计算机的接口，同时也是计算机硬件和其他软件的接口．Windows 采用了图形化模式的用户接口(简称 GUI)，更为人性化，容易学习和使用．

2. 桌面(Desktop)

(1) 桌面是打开计算机并登录到 Windows 之后看到的主屏幕区域．

(2) 桌面是用户工作的平台，运行程序或打开文件夹时，它便出现在桌面上．用户可以把文件、文件夹和程序的快捷图标随意摆放在桌面上．

(3) 桌面还包括常位于屏幕底部的任务栏，在任务栏上显示正在运行的程序，并可以在它们之间进行切换.

(4) 桌面还包含一个开始按钮，这里可以访问程序、文件夹和设置计算机.

3. 图标(Icon)

(1) 图标是代表文件、文件夹、程序和其他项目的小图片，双击图标会启动或打开它所代表的项目.

(2) Windows启动后，桌面有几个基本的图标，用户可以随时添加、删除或移动排列图标.

(3) 快捷方式(Short - cut)：如果想要在桌面上方便访问经常应用的文件或程序，可以创建它们的快捷方式. 快捷方式是一个表示与某个项目链接的图标，而不是项目本身，如果删除了快捷方式，是不会删除原始项目的.

4. 写字板(WordPad)

(1) 它是Windows自带的免费字处理应用程序. 使用它可以输入文字、设置字体和插入图片等，它比另一自带的文本编辑程序记事本(Notepad)功能更强.

(2) 写字板保存和支持的文件格式是rtf、txt(文本文件)和docx(Word文档).

5. 画图(Paint)

(1) 它是Windows自带的免费图像编辑程序，使用它可以绘制、编辑图片.

(2) 画图应用程序支持常见的图像文件格式有：bmp、jpg、gif、tiff和png.

6. 在应用程序文档之间分享信息

(1) 大多数程序允许用户在它们之间共享文本和图形信息，其中一种简单的方式是使用应用程序的编辑菜单的复制、剪切和粘贴操作.

(2) 复制命令(Copy)：将选择的信息保存在一个称为剪贴板的临时存储区域.

(3) 粘贴命令(Paste)：将保存在临时存储区域中的信息复制到当前的文档中.

1.1.3 实验内容

1. 桌面的使用

(1) 启动Windows并登录到桌面，熟识桌面默认出现的图标、开始按钮和任务栏.

(2) 练习移动、重新排列和删除桌面的图标，注意区别一般图标和快捷方式图标.

(3) 双击“我的电脑”，并且移动、调整和关闭出现的“我的电脑”窗口，认识文件图标和文件夹.

(4) 单击“开始”按钮，展开菜单，了解各菜单项目.

(5) 运行“写字板”和“画图”程序，学习在任务栏中切换应用程序窗口，练习调整各窗口在桌面上的位置和大小.

(6) 回收站：练习删除文件或文件夹，学习恢复回收站中的文件.

2. 启动应用程序、创建和保存程序文档，以及在应用程序之间分享信息

(1) 通过“开始”按钮，运行写字板应用程序.

(2) 学习使用程序中的菜单、工具栏或“功能区”.

(3) 创建和编辑一个新文件，保存文档.

(4) 在文档中插入图片和日期.

(5) 页面设置和打印.

(6) 打开和编辑写字板所支持格式的文档.

(7) 通过“开始”按钮，运行画图应用程序.

(8) 创建和编辑一个新图像文件，保存文档.

(9) 使用画图工具编辑图像.

(10) 撤销上一次错误的操作(大多数应用程序均支持这个撤销 Undo 功能).

(11) 打开画图程序所支持图像格式的文档.

(12) 学习在写字板和画图应用程序之间分享信息：使用编辑菜单的复制和粘贴.

(13) 获得程序的帮助，几乎所有程序都有内置的帮助系统，帮助解答使用问题.

(14) 退出程序的运行，关闭文档.

1.1.4　实验仪器

计算机、Windows 操作系统、打印机.

1.1.5　实验步骤和结果分析

按实验内容编写实验步骤，通过实验写出实验结果并进行分析，最后撰写实验报告.

1.1.6　收获与思考

读者完成.

1.2　Windows 的基本操作Ⅱ

实验类型为基础演示性实验；实验学时为两学时.

1.2.1　实验目的

1. 认识资源管理器，掌握基本的文件管理操作.

2. 了解库的概念.

3. 学习如何个性化计算机.

4. 学习如何使用电子邮件和 Internet.

1.2.2 实验理论与方法

1. Windows 资源管理器的用途

(1) 资源管理器是 Windows 提供的资源管理工具，使用它可以查看计算机的所有资源，特别是它提供的树形文件系统结构，能更清楚和直观地管理文件和文件夹.

(2) 在资源管理器中，可以对文件和文件夹进行的操作包括：打开、复制、移动和删除等.

(3) 资源管理器的窗口界面包括标题栏、菜单栏、工具栏、状态栏和左/右窗口等几个部分. 在左窗口以树形目录的形式显示文件夹(即文件目录)，而右窗口显示对应的文件夹中的内容(文件的名称、类型、创建时间、大小等).

2. 库的概念

(1) 库是用于管理文档、音乐、图片和其他文件的位置.

(2) 库类似于文件夹，可以使用与文件夹中相同的方式浏览文件，也可以查看按属性(如日期、类型和作者)排列的文件.

(3) 库与文件夹不同，库可以收集存储在多个不同位置中的文件，而实际上不存储文件本身，这是一个重要的差别.

3. 个性化电脑

用户可以按照偏好来设置电脑.

4. 电子邮件(Email)

使用 Outlook 设置电子邮件账户、日历和联系人.

5. 互联网(Internet)

使用 Internet Explorer 浏览 Web.

1.2.3 实验内容

1. 文件和文件夹的管理

(1) Windows 资源管理器的启动方法：方法 1，双击桌面“我的电脑”图标；方法 2，单击“开始”按钮，选择“所有程序”/“附件”/“Windows 资源管理器”.

(2) 熟识资源管理窗口的各组成部分，浏览文件和文件夹.

(3) 在资源管理器中，选择一个或多个文件(文件夹)，学习复制、移动和删除操作.

(4) 在资源管理器中，学习创建文件夹，命名或重新命名文件夹.

(5) 学习使用窗口上方工具栏中的“视图”按钮，更改文件和文件夹的显示方式.

2. 库的使用

(1) 在 Windows 中可以使用库的概念来组织和访问文件，而不管其存储位置如何.

(2) 四个默认库：文档库、图片库、音乐库和视频库.

(3) 单击“开始”按钮，选择打开“文档”、“图片”或“音乐”库. 打开库或文件夹后，了解窗口的各组成部分.

(4) 对库执行基本的操作：新建库、在库中包含或删除文件夹、更改默认保存位置.

3. 查找文件或文件夹

(1) Windows 提供了查找文件或文件夹的若干方法.

(2) 单击“开始”按钮，出现“搜索程序和文件”输入框，它可以用来查找计算机中的文件、文件夹、程序和电子邮件.

(3) 打开文件夹或库，在其窗口的右上角有一搜索框，它用于搜索文件.

4. 个性化计算机

(1) 更改计算机的主题、颜色、声音、背景、屏幕保护程序、字体大小和账户图片.

(2) 更改屏幕的分辨率.

(3) 桌面小工具的使用，它们可以提供日历、时钟、天气等信息.

5. 学习使用邮件客户端程序 Outlook，以 POP3 和 SMTP 为邮件的通信协议.

6. 使用 Internet Explorer 浏览 Web.

1.2.4　实验仪器

计算机、Windows 操作系统和互联网.

1.2.5　实验步骤和结果分析

按实验内容编写实验步骤，通过实验写出实验结果并进行分析，最后撰写实验报告.

1.2.6　收获与思考

读者完成.

1.3　Microsoft Office Word 使用基础

实验类型为基础演示性实验；实验学时为两学时.

1.3.1　实验目的

1. 认识 Word 软件的用途.

2. 学习使用 Word 软件，了解如何执行日常任务.

3. 学习创建和保存 Word 文档.

4. 理解模板和样式的概念，学习设置文本的格式.

5. 学习在文档中插入图片、图形和表格等内容.

6. 掌握页眉、页脚、页边距等页面设置.

1.3.2 实验理论与方法

1. Word 软件介绍

Microsoft Office 是应用于 Windows 操作系统的一套办公软件，Word 是其中的一个文字处理程序，它能创建专业质量的文档，具有简洁和易用的用户界面，对阅读和写作的日常任务非常实用.

2. Word 中的基本任务

(1) 在 Word 中创建文档是从选择“空白文档”或是采用“模板”开始，然后编辑文档内容. 其强大的编辑和审阅工具可使文档变得完美.

(2) 模板的概念：使用模板可以使创建新文档更加容易. 模板提供主题和样式，编者只需要添加内容即可.

(3) 保存 Word 文档，其默认的文件格式类型是 .docx.

(4) 打开 Word 文档阅读，Word 提供了阅读模式，界面简洁使读者专心阅读.

(5) 设置 Word 文档：页眉、页脚、页码和页边距等都是文档的重要元素，编者可以在创建新文档或在编辑现有的文档时，根据需要进行设置，确保获得一个精心设计的专业文档.

1.3.3 实验内容

1. 运行 Word，创建一个新的文档，学习如何执行日常任务.

(1) 两种创建文档的方式：模板或空白文档.

(2) 在输入文字内容之前，设置合适的纸张大小、纸张方向和页边距.

2. 在文档中建立目录

(1) 将正文中要作为目录的文字设置为标题样式.

(2) 在文档的开始处单击，确定目录插入位置.

(3) 执行“引用”/“目录”菜单，在样式库中选择“自动目录”.

(4) 更新目录和设置目录文本格式：执行“引用”/“更新目录”菜单.

3. 格式化文档

(1) 更改页边距、行距，添加和删除页面.

(2) 移动文本或撤销更改.

(3) 添加基本格式、样式和主题.

(4) 创建项目列表.

(5) 添加文档封面：Word 总是在文档的开始处插入封面，并提供了封面库供使用．

4．在文档中插入图片、图像、表格和其他的内容，并使文本与插入的内容对齐．

5．审阅修订文档：在修改文档或与他人协作处理文档时，启用"审阅"/"修订"以查看修改的内容．

6．使用 Word 编写一份个人简历，要求格式工整规范．

1.3.4　实验仪器

计算机、Microsoft Office.

1.3.5　实验步骤和结果分析

按实验内容编写实验步骤，通过实验写出实验结果并进行分析，最后撰写实验报告．

1.3.6　收获与思考

读者完成．

1.4　Microsoft Office Excel 使用基础

实验类型为基础演示性实验；实验学时为两学时．

1.4.1　实验目的

1．认识 Excel 的用途．

2．理解工作表、单元格、数据类型和数据库的概念．

3．学习创建和保存 Excel 工作簿文件．

4．理解单元格地址的概念及其引用．

5．掌握使用自动填充和快速填充．

6．掌握使用公式、函数对表格中的数据进行运算．

7．掌握数据排序和筛选操作．

8．掌握数据图表的建立和运用．

9．学习使用和理解数据透视表．

1.4.2　实验理论与方法

1．Microsoft Office 是应用于 Windows 操作系统的一套办公软件．其中 Excel 是一个重要的应用程序，它是一个电子表格软件，具有简洁和易用的用户界面，可以进行各种数据的处理、统计分析和辅助决策操作，广泛应用于管理、统计财经、金融等领域．

2．Excel 的基本概念

（1）Excel 文档称为工作簿文件，每个工作簿文件都是由一张或多张工作表所构成，而工作表就是编者输入、处理和分析数据的地方．

（2）模板：创建新的工作簿时，可以使用空白工作簿，或使用已提供要使用的数据、布局和格式的现有模板来创建工作簿.

(3) 保存 Excel 文档，其默认的文件格式类型是 . xlsx.

(4) 单元格和单元格的引用：在 Excel 数据运算中，一个基本要素是单元格及其中的值. 每个单元格都由其引用(也称单元格地址)来标识，标识由单元格所在位置处的列字母坐标和行号构成.

(5) 数据类型：单元格的数据区分为不同的数据类型，如数值型、日期型、文本类型等. 在计算公式中引用单元格的数据时，数据类型和运算要匹配. 另外，不同的数据类型对应有不同的格式样式.

3. 公式和引用

对工作表数据的处理，离不开公式和对单元格数据的引用. 当公式引用的单元格数据有变化，公式的计算结果自动更新.

4. 数据图表

图表是数据的一种可视表示形式，使用户更容易理解大量数据和不同数据系列之间的关系. 图表还可以显示数据的全貌，让用户可以分析数据并找出重要趋势.

5. 数据透视表

使用透视表可以汇总、分析、浏览工作表的数据. 当需要对一长列数据求和时，数据透视表非常有用，同时聚合数据或分类汇总可帮助用户从不同的角度查看数据，并且对相似数据进行比较.

1.4.3 实验内容

1. 运行 Excel，创建一个新的工作簿文档. 保存工作簿，其默认的文件格式类型是 . xlsx.

2. 在工作表中填充数据，编辑单元格中的数据，更改单元格的默认格式.

3. 学习选择一个或多个单元格和区域的选取.

4. 学习复制单元格的内容或格式.

5. 使用“复制柄”实现序列数据的自动填充.

6. 在工作簿中添加、删除工作表，更改工作表的标签名称.

7. 在工作表中插入、删除和隐藏列和行.

8. 格式化单元格中的数据，调整列和行的格式.

9. 学习使用公式和引用

(1) 在工作表中使用公式、功能按钮和函数对数据进行计算处理.

(2) 理解公式复制及其相关的相对地址和绝对地址的引用区别.

10. 学习分析和处理工作表的数据

(1) 数据的排序和筛选.

(2) 使用条件格式.

(3) IF 函数的运用.

(4) 创建一个数据图表：学习图表布局、格式的编辑和修改.

(5) 创建一个数据透视表进行数据分析.

11. 打印工作簿

(1) 打印前需要通过查看打印预览来更改打印的设置.

(2) 选择打印的范围、标题和网格线等.

1.4.4 实验仪器

计算机、Microsoft Office 和打印机.

1.4.5 实验步骤和结果分析

按实验内容编写实验步骤，通过实验写出实验结果并进行分析，最后撰写实验报告.

1.4.6 收获与思考

读者完成.

1.5 Microsoft Office PowerPoint 使用基础

实验类型为基础演示性实验：实验学时为两学时.

1.5.1 实验目的

1. 认识 PowerPoint 的用途.

2. 理解演示文稿、幻灯片和母板的概念.

3. 学习创建、编辑和保存演示文稿.

4. 掌握播放演示文稿及其播放设置.

5. 学习基本的内容应用.

1.5.2 实验理论与方法

1. Microsoft Office 是应用于 Windows 操作系统的一套办公软件，其中 PowerPoint 是一个重要的应用程序. 演示文稿对于日常工作、学习、会议等活动是一个不可或缺的重要工具，它还可以在基于互联网的远程会议等应用中给观众展示文稿内容. PowerPoint 用于制作演示文稿，具有直观和易用的用户界面. 新的版本把 16：9 作为幻灯片默认的长宽比，以适应多数电脑宽屏幕的分辨率，营造出专业的设计和电影般的效果. 同时，播放的控制更为方便和灵活.

2. PowerPoint 的基本概念

(1) 演示文稿和幻灯片：演示文稿由一页或多页的幻灯片所构成，文稿中的每张幻灯片都是演示文稿中既相互独立又相互联系的内容.

(2) 模板的概念：创建新的演示文稿时，可以使用空白模板，或使用 PowerPoint 提供的内置模板、自定义的模板或下载自网络的模板来创建新的演示文稿．这样创建的演示文稿，其幻灯片将包含来自模板已经设计好的主题、颜色、字体、效果、样式以及版式．

（3）主题的概念：可使演示文稿具有专业设计的外观，包括一个或多个与主题颜色匹配的背景、主题字体和主题效果协调的版式．在 PowerPoint 中提供了几个内置主题供选用．

（4）幻灯片母板的概念：幻灯片母板是幻灯片层次结构中的顶层幻灯片，用于存储关于演示文稿的主题和幻灯片版式的信息，包括有背景、颜色、字体、效果、占位符大小和位置．每个演示文稿至少包含一个幻灯片母板，修改和使用幻灯片母板的主要优点是可以对演示文稿中的每张幻灯片进行统一的样式更改，提高制作效率．

（5）占位符的概念：在编辑幻灯片时，它表现为一个虚线框，一般内部有单击此处添加标题之类的提示，等待用户往里面添加内容．

（6）保存演示文稿文件，其默认的文件格式类型是．pptx.

3. PowerPoint 也是一个多媒体作品的编著工具：用户可以给幻灯片添加图形、图像、声音、动画和视频，制作出一个更为吸引观众的演示文稿．

4. 幻灯片放映的排练计时：在演示文稿过程中，使用记录好的时间来自动切换幻灯片．

5. 触发动画效果：可以在音频或视频剪辑的开始或中间开始播放，单击形状或其他应用了动画的对象也可以触发动画开始播放．

1.5.3 实验内容

1. 运行 PowerPoint，创建一个新的演示文稿．
2. 学习添加、重新排列和删除幻灯片．
3. 学习在幻灯片中添加文本、图像、声音和视频．
4. 掌握将模板应用于演示文稿，应用主题将颜色和样式添加到演示文稿．
5. 学习插入图片或剪贴画到幻灯片．
6. 给幻灯片的内容设置动画效果．
7. 学习给演示文稿中的幻灯片添加编号、页码或日期时间．
8. 学习在幻灯片中创建超级链接．
9. 放映设置和放映演示文稿．
10. 打印幻灯片并了解各种打印布局的设置．

1.5.4 实验仪器

计算机、Microsoft Office、投影仪和打印机．

1.5.5 实验步骤和结果分析

按实验内容编写实验步骤，通过实验写出实验结果并进行分析，最后撰写实验报告．

1.5.6　收获与思考

读者完成．

1.6　计算机算法

实验类型为基础演示性实验：实验学时为两学时．

1.6.1　实验目的

1. 理解算法的定义．
2. 掌握基本算法：累加、累乘、求极值．
3. 掌握排序算法：选择、冒泡、插入排序．
4. 使用 UML 建模工具中的活动图模型，代替传统的流程图来描述算法．

1.6.2　实验理论与方法

1. 算法是一组明确步骤的有序集合，它产生结果并在有限的时间内终止．

2. 重要性：算法＋数据结构＝程序；程序＋文档＝软件．

3. 算法

(1) 求和．

第 1 步：sum 初始化为 0.

第 2 步：重复执行(循环)：sum＝sum＋next integer.

第 3 步：重复执行结束后，返回结果 sum.

(2) 累乘．

第 1 步：product 初始化．

第 2 步：重复执行(循环)：product＝product * next integer.

第 3 步：重复执行结束后，返回结果 product.

(3) 求最大值(最小值的算法类似).

第 1 步：假设在一整数列表中，largest＝第一个整数．

第 2 步：从第二个整数开始直至最后一个整数逐一比较，重复执行．

If (next integer ＞ largest) then largest＝next integer.

第 3 步：重复执行结束后，返回最大值 largest.

(4) 选择排序的算法思想(图 1.1).

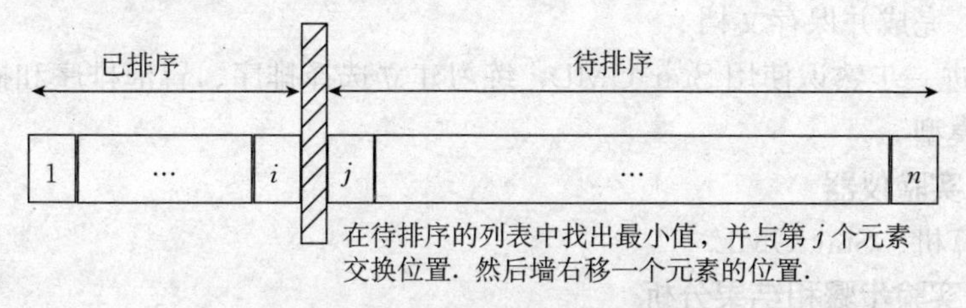

图 1.1　选择排序算法示意图

(5) 冒泡排序的算法思想(图 1.2).

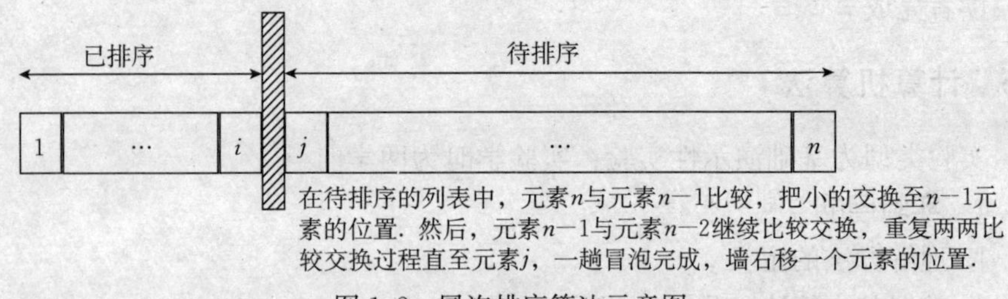

图 1.2　冒泡排序算法示意图

(6) 插入排序的算法思想(图 1.3).

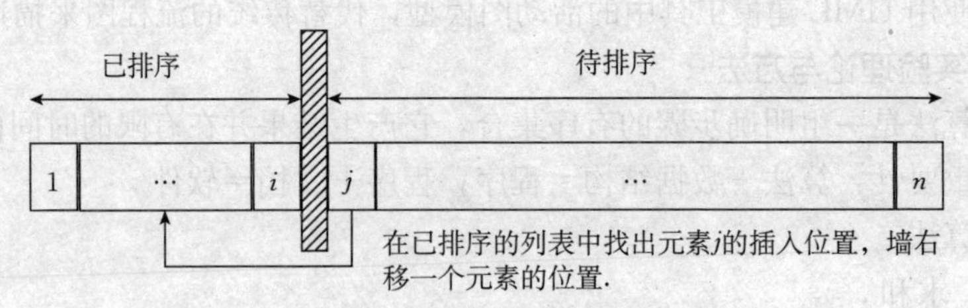

图 1.3　插入排序算法示意图

4. 在面向过程的程序设计中，算法的建模工具是流程图，但也可以使用 UML 中的活动图模型来代替，尽管 UML 是支持面向对象的程序分析与设计的建模语言，活动图非常适合用来表达一连串的动作. 例如，表达工作流程、业务流程等活动流程.

1.6.3　实验内容

1. 运行 Star UML，了解其用途和学习基本的使用方法.

2. 建立求最大值的算法模型

(1) 理解求最大值的算法思想.

(2) 在 Star UML 中创建一个新的项目，并在项目中添加一个新的模型，把模型命名为求最大值；然后，再给模型添加一个图(即模型)，且指定是活动图类型，并命名为求最大值；最后，在准备好的活动图绘制窗口中，使用图形符号工具绘制出求最大值的算法模型.

(3) 完成并保存文档.

3. 进一步熟识使用 Star UML，练习建立选择排序、冒泡排序和插入排序的算法模型.

1.6.4　实验仪器

计算机、Star UML.

1.6.5　实验步骤和结果分析

按实验内容编写实验步骤，通过实验写出实验结果并进行分析，最后撰写

实验报告．

1.6.6　收获与思考

读者完成．

1.7　程序设计

实验类型为基础演示性实验；实验学时为两学时．

1.7.1　实验目的

1. 理解计算机语言及程序设计的概念．
2. 理解程序设计的过程：编辑源程序、编译、链接和运行．
3. 初步认识 C 程序设计语言．
4. 使用 Dev C ++语言开发平台创建第一个程序．

1.7.2　实验理论与方法

1. 编写程序就是算法的实现过程，是软件开发过程中的重要环节之一．

2. 程序设计的过程：源程序的编辑→编译→链接→运行．

3. Dev C ++提供了 C 源程序的编辑、编译、链接以及调试运行的集成环境，适合学生学习 C 程序设计时使用．

4. 创建一个简单的加法程序：实现从键盘输入两个整数，并相加，最后的结果在屏幕输出．程序的源代码如下：

```
#include<iostream.h>
#include <conio.h>
int main()
{
   int   number1,number2,result;
   cin >> number1;
   cin >> number2;
   result=number1+number2;
   cout << result;
   system("PAUSE");
return 0;
}
```

1.7.3　实验内容

1. 运行 Dev C ++程序集成开发平台，学习基本的使用方法．

2. 编写一个程序，实现从键盘输入两个整数，然后两数相加，并在电脑屏幕输出结果：

(1) 体验程序从编写、编译、连接和运行的全过程，验证运行输出结果的正确性.

(2) 把源程序中任意语句行末尾的分号删除，保存后再执行编译. 然后，根据编译器提供的语法错误信息，把源程序的语法错误更正.

(3) 把程序中的代码 result＝number1＋number2；尝试修改为减法或乘法.

(4) 把程序中的代码 result＝number1＋number2；尝试修改为除法，注意C语言的除法运算符是/. 尝试在键盘输入数据时，输入除数为0，理解在程序设计中数据有效性检查的重要性.

1.7.4 实验仪器

计算机、Dev C＋＋.

1.7.5 实验步骤和结果分析

按实验内容编写实验步骤，通过实验写出实验结果并进行分析，最后撰写实验报告.

1.7.6 收获与思考

读者完成.

1.8 计算机网络

实验类型为基础演示性实验；实验学时为两学时.

1.8.1 实验目的

1. 理解计算机网络的概念.
2. 了解网络的层次模型和主要的通信协议.
3. 认识常见的网络设备.
4. 了解基本的网络测试命令：ping、ipconfig 和 tracert.
5. 了解最常见的因特网应用.

1.8.2 实验理论与方法

计算机网络是把数据从一个地方传送到另一个地方的硬件和软件的组合. 网络有四种基本的拓扑结构(即几何布局)：网状型、星型、总线型和环型. 依据网络分布的地理范围大小来分类，则分为：LAN、MAN 和 WAN. 当两个或多个网络互联时，它们就成为互联网，最著名的互联网就是因特网Internet.

因特网的通信协议族被称为 TCP/IP 协议族，TCP/IP 协议族由五个层次构成：应用层、传输层、网络层、数据链路层、物理层(图 1.4).

IP 地址是指互联网协议地址，它是 IP 协议提供的一种统一地址格式，它为互联网上的每一个网络和每一台主机分配一个逻辑地址.

万维网 WWW 或 Web 是分布在全球并连在一起的信息存储库. 为了使用 WWW，用户需要有三个组件：浏览器、Web 服务器和超文本传输协议

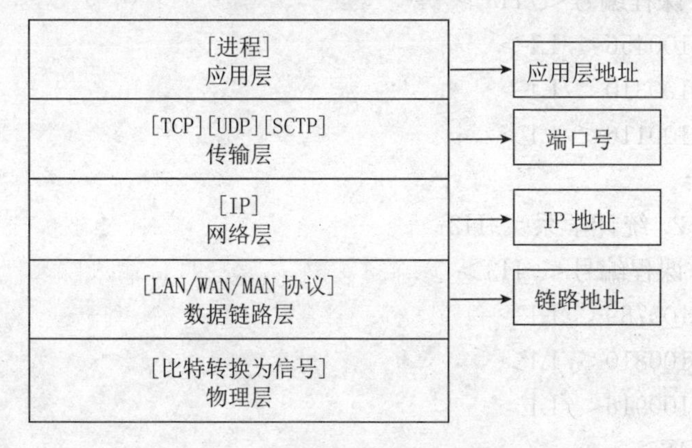

图 1.4　因特网的 TCP/IP 模型

HTTP. 超文本标记语言 HTML 是用于创建 Web 页面的语言．统一资源定位符 URL，是一种用于指定因特网上任何类型的信息的标准．URL 定义了四件事(图 1.5)：

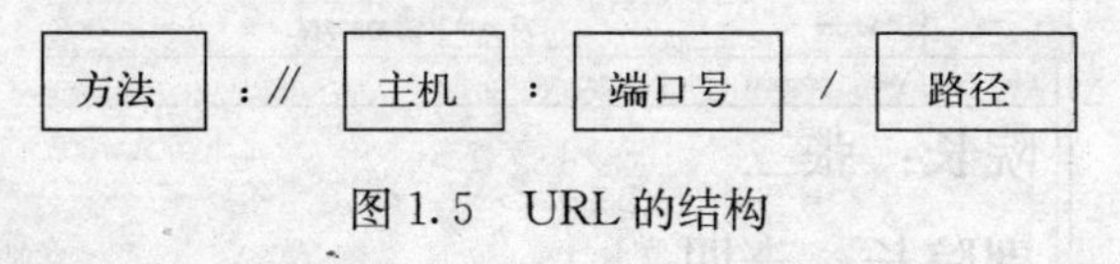

图 1.5　URL 的结构

1.8.3　实验内容

1. 认识常见的网络设备，包括：交换机、路由器、网卡、Modem，认识这些设备工作所对应的模型层次．

2. 了解如何制作标准的双绞线 RJ45 接头．

3. 使用浏览器 IE 访问万维网 WWW(或称 Web)，理解 URL 概念：http://www.scau.edu.cn.

4. 使用记事本编辑以下的 HTML 文档，保存为 .html 文件格式类型．最后，使用浏览器打开该文档，观察运行效果．

```
<HTML>
<HEAD>
<TITLE>数学学院</TITLE>
</HEAD>
<BODY>
<H1>院长:张三</H1>
<H1>副院长:李四</H1>
<H2>1. 应用数学系</H2>
```

```
<H3>课程编号</H3>
<L1>100456</L1>
<L1>100310</L1>
<L1>100116</L1>

<H2>2. 统计学系</H2>
<H3>课程编号</H3>
<L1>100789</L1>
<L1>100810</L1>
<L1>100916</L1>
</BODY>
</HTML>
```

用浏览器打开上述保存的 html 文档，显示结果如图 1.6 所示．

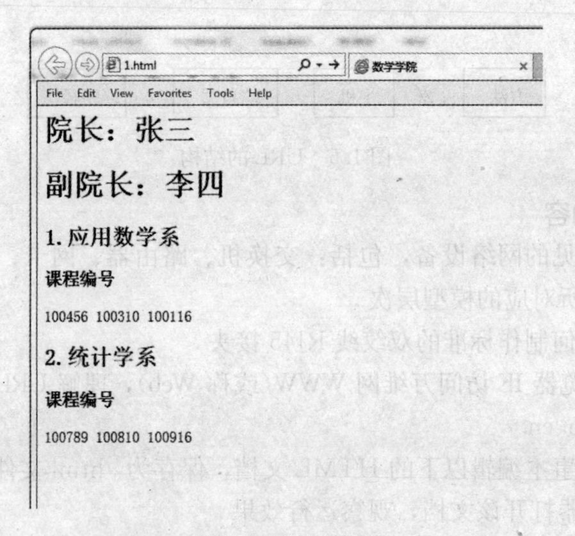

图 1.6　运行结果

5. 网络命令

(1) Ping 命令用于确定本主机是否能与另外一台主机交换(发送与接收)数据报.

命令：ping ip/url

(2) Ipconfig 命令用于显示本机当前的 IP 地址、子网掩码和网关地址的设置值，这些是进行测试和故障分析的必要信息.

命令：ipconfig /all

（3）Tracert 命令用于跟踪数据报从本机到达目的主机所使用的路由（路径）信息，一般用来检测故障的位置.

命令：tracert ip/url

1.8.4　实验仪器

计算机、LAN/Internet.

1.8.5　实验步骤和结果分析

按实验内容编写实验步骤，通过实验写出实验结果并进行分析，最后撰写实验报告.

1.8.6　收获与思考

读者完成.

第 2 章　C 语言程序设计

C 语言程序设计是面向数学与应用数学专业开设的实验课，是配合 C 语言程序设计理论课程的实验教学环节．本课程实验要求学习并掌握 C 语言的基本概念、流程控制的基本语法；理解计算机程序的执行过程；学会程序的调试方法；掌握用计算机解决问题的方法和基本的程序设计技术．C 语言程序设计实验是对课程中所涉及的知识进行验证，同时也是学生很好地学习课程的重要手段．通过上机实验的教学活动，使学生全面掌握 C 语言的基础知识，培养和提高学生的编程开发能力．

2.1　C 语言编程初步与交互式输入

实验类型为验证设计性实验；实验学时为两学时．

2.1.1　实验目的

1. 熟悉编程工具、熟悉程序编写的过程．
2. 变量的声明、初始化．
3. 熟悉数学库函数的使用．
4. 熟悉交互式输入的基本语法．

2.1.2　实验理论与方法

软件开发的基本过程、变量声明的基本语法、头文件的加载以及 scanf() 函数的使用．

2.1.3　实验内容

1. 试用 printf() 函数编写一个 C 语言程序，第一行显示程序员的名字，第二行显示所在学校、学院、年级专业信息，第三行显示程序员的爱好，在计算机上调试并运行该程序．

2. 编写一个 C 语言程序，计算并显示圆的周长和圆的面积，圆的半径在程序运行时录入．

其中周长＝2 * 3.1416 * radius，面积＝3.1416 * radius * radius.

2.1.4　实验仪器

计算机、C 语言编程平台．

2.1.5　实验步骤和结果分析

按实验内容编写实验步骤，通过实验写出实验结果并进行分析，最后撰写

实验报告 .

2.1.6　收获与思考

读者完成 .

2.2　选择结构

实验类型为验证设计性实验；实验学时为两学时 .

2.2.1　实验目的

1. 熟悉关系表达式的基本定义 .

2. 熟悉 if－else 的基本语法 .

3. 熟悉 switch 的基本语法 .

2.2.2　实验理论与方法

关系表达式的求值、if－else、switch 的基本语法 .

2.2.3　实验内容

1. 编写一个 C 语言程序，接收一个数字和一个字母 . 如果录入的字母是 F，则程序将输入的数字当成是华氏温度值，并将这个值转换成对应的摄氏温度并显示输出 . 如果字母是 C，则程序将输入的数字当成摄氏温度值，将这个值转换成对应的华氏温度并显示输出 . 如果字母既不是 F 也不是 C，则输出消息，提示用户输入的数据有误并终止程序 . 在程序中使用 if－else 链 . 摄氏温度与华氏温度之间的转换公式如下所示：

摄氏温度＝(5.0/9.0) * (华氏温度－32)，

华氏温度＝(9.0/5.0) * 摄氏温度＋32.

2. 一个百分制成绩，按 90 以上为 A，80～89 为 B，70～79 为 C，60～69 为 D，60 以下为 E 作为成绩等级，要求输入一个百分制成绩，输出对应的等级成绩(要求用 switch 语句编程实现).

2.2.4　实验仪器

计算机、C 语言编程平台 .

2.2.5　实验步骤和结果分析

按实验内容编写实验步骤，通过实验写出实验结果并进行分析，最后撰写实验报告 .

2.2.6　收获与思考

读者完成 .

2.3　循环结构

实验类型为验证设计性实验；实验学时为两学时 .

2.3.1 实验目的

1. 熟悉循环的基本结构.

2. 熟悉 while 循环语法.

3. 熟悉 for 循环语法.

4. 熟悉 do - while 循环语法.

5. 熟悉循环嵌套的基本语法.

2.3.2 实验理论与方法

构成循环的基本条件以及 while、for、do - while 的基本语法.

2.3.3 实验内容

1. 自幂数是指一个 $n(n\geqslant 3)$ 位数，各个位的数字的 n 次幂和等于数本身，例如三位数的 $153=1^3+5^3+3^3$. 其中三位数的叫水仙花数，四位数的叫四叶玫瑰数，五位数的叫五角星数，编程输出所有水仙花数、四叶玫瑰数和五角星数.

2. 完成下列编程题：

用 do - while 语句编写一个 C 语言程序，接收一个成绩分数. 如果输入的分数小于 0 或者大于 100，则该分数无效，程序不断地请求用户输入分数. 当用户输入 10 个有效分数时，程序应该计算和显示这 10 个分数的平均值.

3. 四个实验中每个实验有五个测试数据，每个测试数据如表 2.1 所示. 试编写一个 C 语言程序，使用嵌套循环计算并显示每一个实验测试结果的平均值.

表 2.1 实验结果表

实验 1	22.5	15.5	32.8	24.5	31.5
实验 2	15.8	16.9	14.5	15.8	16.3
实验 3	11.8	12.6	15.6	18.9	11.7
实验 4	21.5	24.4	25.4	30.1	22.8

2.3.4 实验仪器

计算机、C 语言编程平台.

2.3.5 实验步骤和结果分析

按实验内容编写实验步骤，通过实验写出实验结果并进行分析，最后撰写实验报告.

2.3.6 收获与思考

读者完成.

2.4 函数

实验类型为验证设计性实验；实验学时为两学时.

2.4.1 实验目的

1. 熟悉函数声明和参数声明.

2. 熟悉函数体的编写和返回值.

3. 熟悉 C 语言标准库函数.

4. 了解函数的作用域.

5. 熟悉指针的声明和按引用传递.

2.4.2　实验理论与方法

函数声明、编写的基本语法，return 语句的语法，调用标准库函数的语法，指针的定义，传址操作的基本语法.

2.4.3　实验内容

1. 编写一个函数 convert()，实现将十进制的数字转换成十六进制数字输出. 将该函数放入到一个程序里面. main()应该能正确地调用该函数将从键盘录入的十进制数字转化为十六进制并显示输出.

2. 编写一个程序，模拟掷两枚骰子的情况. 如果它们的点数和为 6 或者 9，则玩家赢，否则为输，并给出相应提示信息. 程序模拟运行 100 次以后，统计并显示出现点数为 6 与 9 的次数.

3. 编写一个 C 语言函数，用于统计从键盘上输入的每个整数的个数. 输入整数的范围在 1 至 10，用－5 作为输入结束标识.

例如，输入数字的顺序是：8　3　5　5　8　－5，
则统计结果为：3∶1　5∶2　8∶2.

将该函数放入到一个程序里面，main()应该能正确地调用该函数，统计从键盘输入的整数的个数.

2.4.4　实验仪器

计算机、C 语言编程平台.

2.4.5　实验步骤和结果分析

按实验内容编写实验步骤，通过实验写出实验结果并进行分析，最后撰写实验报告.

2.4.6　收获与思考

读者完成.

2.5　数组

实验类型为验证设计性实验；实验学时为两学时.

2.5.1　实验目的

1. 熟悉数组声明和初始化方法.

2. 熟悉数组作为函数的实参.

3. 熟悉数组、地址和指针.

2.5.2 实验理论与方法

数组的声明和初始化的基本语法，数组传递给函数的基本语法．

2.5.3 实验内容

1. 编写一个C语言程序，使用一个声明语句将下面的数保存到一个名称为 num 的数组中：12.24，25.36，16.94，45.29，3.17，12.84，5.59，27.24，67.92. 然后，程序应该能够确定并显示这个数组中的最大值、最小值和平均值.

2. 输入一段文字，每行用回车结束，文字输入完毕可以使用某个特殊字符作为结束(例如@). 要求做如下格式检查：

(1) 每个句子首字母要大写．

(2) 每个单词间多余的空格要去除．

(3) 每句之间多余的空格和标点符号要去除．

最后输出修正后的文字．请使用数组和指针实现以上功能．

2.5.4 实验仪器

计算机、C语言编程平台．

2.5.5 实验步骤和结果分析

按实验内容编写实验步骤，通过实验写出实验结果并进行分析，最后撰写实验报告．

2.5.6 收获与思考

读者完成．

2.6 字符串

实验类型为验证设计性实验；实验学时为两学时．

2.6.1 实验目的

1. 熟悉字符串的基础知识．

2. 熟悉字符串处理的库函数．

3. 熟悉格式化字符串．

2.6.2 实验理论与方法

字符串声明和访问的基本知识、字符串处理函数、格式化字符串的基本语法.

2.6.3 实验内容

1. 编写一个C语言函数 insert()，将传递给它的字符串按照每两个字符之间插入一个@符号输出．例如接受的字符串是abc，则输出的字符串是a@b@c. 将该函数包含到一个程序中，main()在接受到用户输入的字符串之后，应该能正确地调用 insert()输出新的字符串．

2. 编写一个C语言程序，从键盘上接收两个字符串 string1 和 string2，统计两个字符串中每个相同字符的个数，并输出该字符．

3. 编写一个C语言函数，统计输入字符串中包含的单词个数．单词之间以空格、逗号和句号隔开．将该函数放入到一个程序里面．main()应该能正确地调用该函数，显示并输出字符串中包含的单词数．

2.6.4 实验仪器

计算机、C语言编程平台．

2.6.5 实验步骤和结果分析

按实验内容编写实验步骤，通过实验写出实验结果并进行分析，最后撰写实验报告．

2.6.6 收获与思考

读者完成．

2.7 数据文件

实验类型为验证设计性实验；实验学时为两学时．

2.7.1 实验目的

1. 熟悉声明、打开和关闭文件流．

2. 熟练掌握读取和写入文本文件的方法．

2.7.2 实验理论与方法

文件流的声明、打开、关闭，文本文件的读取和写入的基本语法．

2.7.3 实验内容

1. 编写一个C语言程序，把从键盘接收到的20个浮点型数值以二进制方式写入到一个名为 number.dat 的文件中．

2. 编写一个C语言程序，在指定的文本文件中查找字符串“ABC”出现的行号并且显示该行中所有的字符串．

2.7.4 实验仪器

计算机、C语言编程平台．

2.7.5 实验步骤和结果分析

按实验内容编写实验步骤，通过实验写出实验结果并进行分析，最后撰写实验报告．

2.7.6 收获与思考

读者完成．

2.8 结构

实验类型为验证设计性实验；实验学时为两学时．

2.8.1 实验目的

1. 熟悉结构的声明和初始化.

2. 熟练掌握结构数组的声明、初始化和输出.

2.8.2 实验理论与方法

结构的声明和初始化、结构数组声明、初始化和输出的基本语法.

2.8.3 实验内容

1. 编写一个C语言程序，提示用户输入姓名、年龄、身高、体重等信息，并把输入的数据保存到一个恰当定义的结构中，并显示这些数据.

2. 编写一个C语言程序，接收并存储从键盘输入的10位学生的姓名、学号、电话号码，以字符“#”标示输入结束.然后输入学生的姓名，查找该学生的电话号码，一旦找到，则输出该学生的电话号码，否则显示“没有该学生的信息”.

2.8.4 实验仪器

计算机、C语言编程平台.

2.8.5 实验步骤和结果分析

按实验内容编写实验步骤，通过实验写出实验结果并进行分析，最后撰写实验报告.

2.8.6 收获与思考

读者完成.

第 3 章　概率论与数理统计

概率论与数理统计实验主要利用 MATLAB 软件进行相关计算和分析，介绍随机数的生成、排列数和组合数的计算、分布函数的计算、概率作图和数字特征计算、统计作图、参数估计、假设检验、方差分析和回归分析，其目的是培养学生运用统计软件实现常规的统计分析，提高分析和解决实际问题的能力.

3.1　排列数和组合数的计算

实验类型为基础演示性实验；实验学时为四学时.

3.1.1　实验目的

1. 熟悉 MATLAB 的运行和操作环境.
2. 掌握 MATLAB 计算阶乘的命令 factorial 和双阶乘的命令 prod.
3. 掌握 MATLAB 求组合数的命令 combntns.
4. 掌握常见分布的随机数产生命令，如 binornd，normrnd 等.
5. 掌握利用随机数进行随机模拟的方法.

3.1.2　实验理论与方法

1. 计算阶乘 factorial(N)和计算双阶乘 prod(2：2：N).
2. 求组合数的命令 combntns(m：n，r)，从 m 到 n 中取 r 个数.
3. 产生二项分布的随机数 binornd(N，p，m，n)，泊松分布 poissrnd(λ，m，n)，或 random('bino'，N，p，m，n)，均匀分布 unifrnd(a，b，m，n)，正态分布的随机数 normrnd (μ，σ，m，n).

3.1.3　实验内容

1. 计算下列结果：

(1) 8!；　　(2)10!!；　　(3)$\frac{8!}{10!!}$.

2. 写出从 1，2，3，4，5，6，7 这 7 个数中取 5 个数的所有组合.

3. 产生参数为 10、概率为 0.15 的二项分布的随机数.

(1) 产生 1 个随机数；

(2) 产生 9 个随机数；

(3) 产生 24(要求 3 行 8 列)个随机数.

4. 产生 9 个服从参数为 5 的泊松分布的随机数 .

5. 产生区间(2，4)上的连续型均匀分布的随机数 .

(1) 产生 5×5 个随机数；

(2) 产生 24(要求 3 行 8 列)个随机数 .

6. 产生服从均值为 5、均方差为 1 的正态分布的随机数 .

(1) 产生 8 个随机数；

(2) 产生 24(要求 3 行 8 列)个随机数 .

7. 生成字符串的练习(自由举例).

8. 矩阵的输入(自由举例).

9. 矩阵的四则运算法则(自由举例).

10. 矩阵的逆运算(自由举例).

3.1.4 实验仪器

计算机和 MATLAB 软件 .

3.1.5 实验步骤和结果分析

按实验内容编写实验步骤，通过实验写出实验结果并进行分析，最后撰写实验报告 .

3.1.6 收获与思考

读者完成 .

3.2 分布函数计算

实验类型为基础演示性实验；实验学时为四学时 .

3.2.1 实验目的

1. 会利用 MATLAB 软件产生离散型随机变量的概率分布(即分布律).

2. 会计算离散型随机变量的概率和连续型随机变量概率密度值 .

3. 会计算分布函数值和随机变量落在某个区间的概率 .

4. 会求上侧 α 分位点以及分布函数的反函数值 .

5. 掌握 MATLAB 中关于概率分布作图的基本操作命令函数 .

6. 会绘制常见的分布律图形、概率密度函数和分布函数图形 .

3.2.2 实验理论和方法

1. binopdf，normpdf 等命令函数的语法 binopdf(m，n，p).

2. binocdf，normcdf 等命令函数的语法 binocdf(m，n，p).

3. binoinv，norminv 等常见分布的分布函数、反函数命令语法，如二项分布 binoinv(F(x)，n，p)或 icdf('bino'，F(x)，n，p)，泊松分布 poisscdf(λ，n).

4. 掌握 MATLAB 的画图命令函数 plot.

3.2.3　实验内容

1. 事件 A 在每次试验中发生的概率是 0.2，计算：

(1) 在 12 次试验中 A 恰好发生 5 次的概率.

(2) 生成事件 A 发生次数的概率分布.

(3) 在 12 次试验中 A 至少发生 5 次的概率.

(4) 设 A 发生 x 次的分布函数为 $F(x)$，求 $F(5.2)$；已知 $F(x)=0.462$，求 x.

2. 设随机变量 X 服从区间[2，6]上的均匀分布，求：

(1) 当 $X=3$ 时的概率密度值；

(2) $P\{X\leqslant 4\}$；

(3) 若 $P\{X\leqslant x\}=0.463$，求 x.

3. 设随机变量 X 服从均值是 5，标准差是 3 的正态分布，求：

(1) 当 $X=3$，4，5，6，7，8 时的概率密度值；

(2) 当 $X=3$，4，5，6，7，8 时的分布函数值；

(3) 若 $P\{X\leqslant x\}=0.463$，求 x；

(4) 求标准正态分布的上侧 0.05 分位点.

4. 设 $X\sim E(1)$，$\alpha=0.1$，求上侧 α 分位数及双侧 α 分位数.

5. 设 $U\sim N(0, 1)$，$\alpha=0.05$，求上侧 α 分位数及双侧 α 分位数.

6. 某电子设备的使用寿命(单位：h)服从参数为 50 的指数分布，求设备运行前 25 h 内损坏的概率.

7. 某人射击命中率为 0.7，求其射击 10 次恰有 4 次击中的概率.

8. 完成某一大学课程期末考试所需时间呈正态分布，均值为 80 min，标准差为 10 min. 试问在 1 h 或更少时间完成考试的概率是多大？一名学生在超过 60 min 但少于 75 min 内完成考试的概率是多大？

9. 用语句 plot(x)绘制图形(自由选择参数).

10. 用语句 plot(x，y)绘制图形(自由选择参数).

11. 绘制二项分布图(自由选择参数).

12. 绘制指数分布图(自由选择参数).

13. 绘制正态分布图(自由选择参数).

14. 绘制泊松分布图(自由选择参数).

3.2.4　实验仪器

计算机和 MATLAB 软件.

3.2.5　实验步骤和结果分析

按实验内容编写实验步骤，通过实验写出实验结果并进行分析，最后撰写实验报告.

3.2.6 收获与思考

读者完成．

3.3 概率作图和数字特征的计算

实验类型为基础演示性实验；实验学时为四学时．

3.3.1 实验目的

1. 掌握求数学期望和方差的命令．

2. 掌握求数学期望和方差的命令以及具体的应用．

3.3.2 实验理论与方法

1. 数学期望和方差的理论和方法．

2. 概率与频率的理论知识．

3.3.3 实验内容

1. 某人在一次射击中击中的概率为 p，设他击中之前已经打出的子弹数为 ξ，求：

(1) ξ 的分布律和分布函数；

(2) ξ 的期望和方差；

(3) 画出分布函数图．

2. 设随机变量 X 服从均值是 2，标准差是 3 的正态分布．

(1) 画出 X 的概率密度图形；

(2) 画出 X 的分布函数图形；

(3) 求 $P\{-1<X<4\}$；

(4) 求 $E(X)$，$D(X)$.

3. 若 $X\sim E(0.2)$，求 $E(X)$，$D(X)$.

4. 若 $X\sim B(10, 0.2)$，求 $E(X)$，$D(X)$.

5. 设随机变量 X 的概率密度为

$$f(x)=\begin{cases}\frac{1}{4}(x+2), & -2<x\leqslant 0,\\ \frac{1}{4}(2-x), & 0<x\leqslant 2,\\ 0, & \text{other},\end{cases}$$

求 $E(X)$，$D(X)$.

6. 某超市夏季每周购进一批饮料，已知该超市一周饮料销售量 X(单位：kg)服从 $U[1000, 2000]$．购进的饮料在一周内售出，1 瓶获纯利 1.3 元；一周内没售出，1 瓶需付耗损、储藏等费用 0.4 元．问一周应购进多少瓶饮料，超市才能获得最大的平均利润．

7. r 个人在大楼的底层进入了电梯，楼上共有 n 层，每个乘客在任一层下电梯的概率是相同的．如到某一层无乘客下电梯，电梯就不停．求直到乘客都下完时电梯停的次数 X 的数学期望．

3.3.4　实验仪器

计算机和 MATLAB 软件．

3.3.5　实验步骤和结果分析

按实验内容编写实验步骤，通过实验写出实验结果并进行分析，最后撰写实验报告．

3.3.6　收获与思考

读者完成．

3.4　统计基本计算

实验类型为基础演示性实验；实验学时为四学时．

3.4.1　实验目的

1. 熟悉 MATLAB 软件的关于统计作图的基本操作，如直方图、正态概率图等．

2. 学会观察和处理数据，获取描述性统计量．

3. 掌握箱线图的画法．

3.4.2　实验理论与方法

1. 直方图的原理．

2. 正态概率图的原理．

3. 中位数、众数、几何平均数等描述性统计量定义．

4. 箱线图的相关理论．

3.4.3　实验内容

1. 产生 50 个服从正态分布的随机数，并画出钟形直方图．

2. 随机产生 8 个整数数据，自由划分区间，画出相应的带比例的饼图．

3. 产生 50 个标准正态分布随机数，指出分布特征，并画出经验累计分布函数图．

4. 实验数据 1.3，2.4，6.6，8.1，11.2，12.7，13.9，16.3，18.1，19.5，用“*”标注其数据位置，作最小二乘拟合曲线．

5. 产生 100 个服从标准正态分布的随机数和参数为 1 的指数分布的随机数，并分别画出它们的正态概率分布图形．

6. 随机生成 6 组 50 个整数数据，求每组数据的平均值和中位数．

7. 随机生成服从参数为 2 的指数分布的 8 组 8 个数据，求每组数据的几何平均数，调和平均数．

8. 随机生成服从标准正态分布的 8 组 8 个数据，求每组数据的极差、样本方差、样本标准差、平均绝对偏差．

9. 下面分别给出了 25 个男子和 25 个女子的肺活量(以升计，数据应经过排序)：

女子组：2.7，2.8，2.9，3.1，3.1，3.1，3.2，3.4，3.4，3.4，3.4，3.4，3.5，3.5，3.5，3.6，3.7，3.7，3.7，3.8，3.8，4.0，4.1，4.2，4.2；

男子组：4.1，4.1，4.3，4.3，4.5，4.6，4.7，4.8，4.8，5.1，5.3，5.3，5.3，5.4，5.4，5.5，5.6，5.7，5.8，5.8，6.0，6.1，6.3，6.7，6.7，

试分别画出这两组数据的箱线图．

3.4.4 实验仪器

计算机和 MATLAB 软件．

3.4.5 实验步骤和结果分析

按实验内容编写实验步骤，通过实验写出实验结果并进行分析，最后撰写实验报告．

3.4.6 收获与思考

读者完成．

3.5 参数估计

实验类型为基础演示性实验；实验学时为四学时．

3.5.1 实验目的

1. 掌握 MATLAB 对单个正态总体的参数进行矩估计和极大似然估计方法．

2. 掌握 MATLAB 对单个正态总体参数进行区间估计的方法．

3. 掌握 MATLAB 求两个正态总体均值差、方差比的估计方法．

3.5.2 实验理论与方法

1. 矩估计的基本原理．

2. 极大似然估计法的基本原理．

3. 两个正态总体均值差和方差比的置信区间．

3.5.3 实验内容

1. 随机生成 60 个服从二项分布的样本数据，其中任意给定一次实验成功的概率是 0.3，由样本估计概率参数 p 的值，并求 p 的置信度为 0.95 的置信区间．

2. 随机生成 10 个服从区间(0，1)上的连续型均匀分布的样本数据，并由

此样本估计总体中区间端点的参数值．

3. 一组来自泊松分布总体的样本观察值为 0，1，2，3，4，求总体参数 λ 的点估计和 0.90 的置信区间．

4. 设灯管的寿命服从参数为 λ 的指数分布，随机产生 20 只灯管的寿命数据，试求灯管的平均寿命 λ 的极大似然估计值．

5. 产生二项分布(参数自选)的随机数，并用 mle 函数进行参数估计．

6. 一检验员检验位于国内两个不同地区的两家工厂生产的同一品牌手机的抗摔能力，他从 a 厂抽选了 32 个样品做样本，从 b 厂抽选了 28 个样品做样本，来自工厂 a 的样本均值为 14 kg，来自工厂 b 的样本均值为 16 kg，从以往的经验知道，两家工厂生产的手机抗摔强度服从正态分布，且方差都为 8 kg，请求两总体均值差的 0.95 的置信区间．

7. 某自动机床加工同类型零件，假设零件的直径服从正态分布，现在从两个班次的产品中各抽验了 5 个零件，测得它们的直径(单位：cm)，得如下数据：

1 班：2.066，2.063，2.068，2.060，2.067；

2 班：2.058，2.057，2.063，2.059，2.060，

试求两班所加工零件直径的方差比的 0.90 置信区间和均值差的置信区间．

3.5.4　实验仪器

计算机和 MATLAB 软件．

3.5.5　实验步骤和结果分析

按实验内容编写实验步骤，通过实验写出实验结果并进行分析，最后撰写实验报告．

3.5.6　收获与思考

读者完成．

3.6　正态总体的参数假设检验

实验类型为基础演示性实验；实验学时为四学时．

3.6.1　实验目的

1. 掌握 MATLAB 进行单个正态总体均值的假设检验．
2. 掌握 MATLAB 进行单个正态总体方差的假设检验．
3. 两类错误的概率计算．
4. 分布拟合检验．

3.6.2　实验理论与方法

1. 单个正态总体均值和方差的假设检验原理．
2. 两个正态总体均值和方差的假设检验原理．

3. 掌握 ttest、ztest 等命令函数.

4. 两类错误的定义.

5. 单个分布和分布函数族的拟合检验.

3.6.3 实验内容

1. 某工厂生产 10 cm 长的螺丝，根据以往生产螺丝的实际情况，可以认为其长度值服从正态分布，标准差 $\sigma=0.1$ cm. 现随机地抽取 10 个螺丝，测得它们的长度值(单位：cm)为：

9.9，10.1，10.2，9.7，9.9，9.9，10，10.5，10.1，10.2，

问我们能否认为该厂的螺丝长度的平均值为 10 cm?(取 $\alpha=0.1$)

2. 某种溶液中水分含量 X(单位：g)服从正态分布，u 和 σ 均未知．现随机测试 16 次，水分含量数据如下：

159，280，101，212，224，379，179，264，
222，362，168，250，149，260，485，170.

问是否有理由认为水分的平均含量大于 225(g)？(取 $\alpha=0.05$)

3. 甲、乙两机器生产的钢管内径(单位：mm)数据如下(甲 10 个，乙 15 个)：

甲：21.2，21.6，21.9，22.0，22.0，22.2，22.8，22.9，23.2，22.2；

乙：19.8，20.0，20.3，20.8，20.9，20.9，21.0，21.0，21.1，21.2，
21.5，22.0，21.9，21.1，22.3.

假设这两个样本来自同方差的正态总体，试鉴别钢管的内径差异是由于随机因素造成的，还是与机器不同有关？(取 $\alpha=0.05$)

4. 由积累资料知道甲、乙两机床加工产品的直径分别服从正态分布，现从两机床各抽几个试件，分析其直径(单位：cm)分别为

甲机床：24.3，20.8，23.7，21.3，17.4；

乙机床：18.2，16.9，20.2，16.7.

试问甲、乙两机床加工产品的平均直径有无显著差异？($\alpha=0.05$)

5. 市质监局接到投诉后，对某金店进行质量调查．现从其出售的标志 18 K的耳环中抽取 9 件进行检测，检测标准为标准值 18 K 且标准差不得超过 0.3 K，检测结果如下：

17.3，16.6，17.9，18.2，17.4，16.3，18.5，17.2，18.1.

假定耳环的含金量服从正态分布，试问检测结果能否认定金店出售的产品存在质量问题($\alpha=0.05$)?

6. 比较两种种植技术 A 和 B 下小麦的产量(单位：kg)，测得数据如下：

技术 A：213，175，185，217，198，224；

技术 B：115，142，129，119，144，150.

假定 A 和 B 技术下的小麦产量均服从正态分布，试问测试结果是否说明技术 A 的产量明显高于技术 B?($\alpha=0.05$)

7. 在某公路处 50 min 内，记录每 15 s 路过汽车的辆数，得到数据见表 3.1：

表 3.1　实验数据表

辆数	0	1	2	3	4	大于等于 5
频数	92	68	28	11	1	0

试问这个分布能否看作为泊松分布？($\alpha=0.05$)

8. 在研究牛的毛色与牛角的有无这两对性状分离现象时，用黑色无角牛和红色有角牛杂交，子二代出现黑色无角牛 192 头，黑色有角牛 78 头，红色无角牛 72，红色有角牛 18，共 360 头，问这两对性状是否符合孟德尔遗传规律中 9∶3∶3∶1 的遗传比例?

3.6.4　实验仪器

计算机和 MATLAB 软件．

3.6.5　实验步骤和结果分析

按实验内容编写实验步骤，通过实验写出实验结果并进行分析，最后撰写实验报告．

3.6.6　收获与思考

读者完成．

3.7　方差分析和回归分析

实验类型为基础演示性实验；实验学时为八学时．

3.7.1　实验目的

1. 掌握 MATLAB 进行方差分析的基本命令与操作．

2. 掌握 MATLAB 进行一元线性回归的基本命令与操作．

3.7.2　实验理论与方法

1. 方差分析原理，比较不同处理方法的差异性．

2. 回归分析原理，熟悉两个变量之间一元线性回归关系．

3. 掌握回归函数命令[b, bint, r, rint, stats]=regress(y, x).

3.7.3　实验内容

1. 3 个不同班级进行概率论与数理统计期末测试，现分别抽取部分同学的成绩(百分制)如下：

Ⅰ：73，66，89，60，82，45，46，93，83，36，73，77；

Ⅱ：88，77，78，31，48，78，91，62，51，76，85，96，74，80，56；

Ⅲ：68，41，79，59，56，68，91，53，71，79，71，15，87，

试对 3 个班的成绩做方差分析．

2. 某农科院用 4 种不同水稻品种进行区域实验，得到平均亩产量(单位：kg)数据如下，试完成方差分析表并给出分析结果．

A：1600，1610，1650，1680，1700，1700，1780；

B：1500，1640，1400，1700，1750；

C：1640，1550，1600，1620，1640，1600，1740，1800；

D：1510，1520，1530，1570，1640，1680.

3. 测量 10 位不同男子的身高和上身长，得到身高(单位：cm)与上身长(单位：cm)的数据如下，求出身高为 x 与上身长为 y 的一元线性回归模型，并对各参数进行检验．

x：100，110，120，130，140，150，160，170，180，190；

y：45， 51， 54， 61， 66， 70， 74， 78， 85， 89.

4. 表 3.2 为 1980—1991 年间以 1987 年不变价计算的中国个人消费支出 Y 与国内生产支出 X 的数据(单位：10 亿元).

表 3.2

年份	Y	X	年份	Y	X
1980	2447.1	3776.3	1986	2969.1	4404.5
1981	2476.9	3843.1	1987	3052.2	4539.9
1982	2503.7	3760.3	1988	3162.4	4718.6
1983	2619.4	3906.6	1989	3223.3	4838.0
1984	2746.1	4148.5	1990	3260.4	4877.5
1985	2865.8	4279.8	1991	3240.8	4821.0

(1) 在直角坐标系下，作 X 与 Y 的散点图并判断 Y 与 X 是否线性相关；

(2) 试求 Y 与 X 的一元线性回归方程；

(3) 对所得回归方程做显著性检验($\alpha=0.05$)；

(4) 若国内生产支出为 $X=4500$，试求对应的消费支出 Y 的点预测和包含概率为 95%的区间预测．

3.7.4 实验仪器

计算机和 MATLAB 软件．

3.7.5　实验步骤和结果分析

按实验内容编写实验步骤，通过实验写出实验结果并进行分析，最后撰写实验报告．

3.7.6　收获与思考

读者完成．

第 4 章　微观经济学

微观经济学实验是指在课堂或者实验室中，根据给定的情境，学生通过亲身参与模拟市场或者社会事件的运行，记录相关的实验结果，通过讨论提出理论解释，并分析这些结果在现实世界中的应用．本课程的设计是为了让学生在活跃的环境下学习，发掘自身对经济事件的好奇心，并且不断地自我思考，以激发学生利用经济学原理来思考周围的世界，培养学生的经济学思维方式和对经济事件的判断、分析和处理能力．

4.1　供求关系——一个苹果市场

实验类型为验证设计性实验；实验学时为六学时．

4.1.1　实验目的

1. 了解市场中商品交易的流程．
2. 探讨竞争性市场中商品价格的形成过程．
3. 理解供给、需求、市场均衡、利润和社会福利的含义．
4. 探究供求变动对市场均衡价格、均衡数量和利润的影响．

4.1.2　实验理论和方法

1. 实验理论

（1）市场和竞争．经济学意义上的市场是商品生产者和商品消费者之间构成的经济关系的总和．竞争是指经济主体在市场上为实现自身的经济利益和既定目标而不断进行的博弈过程．大多数市场，比如苹果市场，是高度竞争的．

（2）需求．需求是指在每一个价格水平上，消费者愿意并且能够购买的商品或劳务的数量．商品的价格、消费者的收入水平、消费者的偏好、相关商品的价格、消费者的价格预期和人口数量等影响消费者的需求．其中，物品价格起着中心作用．根据需求定理，可用需求函数和需求曲线描绘一种商品的需求量和其价格之间的关系．

（3）供给．供给是指在每一个价格水平上，生产商愿意并且能够生产的商品或劳务的数量．商品的价格、商品的成本、技术水平、相关商品的价格和生产者的价格预期等影响生产商的供给．其中，商品的价格是最基本的因素．根据供给定理，可用供给函数和供给曲线描绘一种商品的供给量和其价格之间的关系．

（4）买方价值和卖方成本．买方价值是指买方购买商品时所愿意支付的最高价格，这是消费者剩余的基础．卖方成本是指卖方生产商品时所花费的最低成本，这是生产者剩余的基础．

（5）市场均衡．市场均衡是指市场交易中，当买方愿意购买的数量正好等于卖方愿意出售的数量的状态，即供给与需求相等的状态．这时相应形成了市场均衡价格．

（6）社会福利．消费者剩余和生产者剩余分别衡量了消费者和生产者在商品交易活动中所获得的利益，他们的总剩余成为社会福利．它代表了整个市场经济活动参与者的利益，是衡量社会运行效率与社会经济福利的重要指标．

2. 实验方法——情境实验

4.1.3　实验内容

1. 实验情境

一个阳光明媚的星期天早晨，你和你的同学们在苹果农贸市场上购买和销售苹果，你们的目标是获得最大利润．假定每人需要购买一个苹果，而苹果销售商手上均有一个苹果用于出售．分为四种设定的情境：

（1）买卖双方参与人数相等的情境，比如各方15人．

（2）买卖双方参与人数不同的情境，比如卖方只有1人，其余均为买方．

（3）买卖双方参与人数不同的情境，比如买方只有1人，其余均为卖方．

（4）买卖双方参与人数不同且买卖双方交易数量不为1的情境．

2. 实验规则（不同的情境实验规则有所不同）

（1）参与者被分为两组，一组扮演买方，一组扮演卖方．

（2）每一轮开始后，每一个买方会收到一个买方价值，各个买方的买方价值均不相同．买方收益＝买方价值－成交价格．

（3）每一轮开始后，每一个卖方会收到一个卖方成本，各个卖方的卖方成本均不相同．卖方收益＝成交价格－卖方成本．

（4）交易过程，买卖双方可以与某一交易对象私下讨论达成交易；也可以公开提出报价要约，由多个交易对象竞价后，与其中一个达成交易．

（5）交易中如果价格达成一致，买卖双方应该签订一份销售合同并将它交给市场主管．一次交易只能有一份合同．销售合同记录买卖双方的名字或身份代码、价格和一些交易的细节．

（6）每轮所有交易必须在给定时间内完成．交易双方的目标是使自己的收益最大化，交易过程中若将自己的买方价值或卖方成本泄露给其他参与者，将不利于参与者在交易中获得有力的交易地位．

（7）每轮结束后，每个参与者的个人收益和市场实际总收益将根据需要由实验主持者决定是否公布．

4.1.4 实验仪器

计算机、卡纸、参考资料．

4.1.5 实验步骤和结果分析

按实验内容编写实验步骤，通过实验写出实验结果并进行分析，最后撰写实验报告．

4.1.6 收获与思考

读者完成．

4.1.7 思考题

（1）理论的预测与实验的实际结果是否完全一致？

（2）参与者是否有自己交易的收益预期？

（3）谁在竞争均衡中交易，市场的效率如何决定？

（4）如果实验设置为每一轮的实验参数不变，限定每一轮实验交易的时间，若干轮次后，实验结果会出现什么变化？

（5）不同的买卖双方价值与成本的设定，成交价格的变化对社会福利有何影响？

4.2 税收与补贴

实验类型为验证设计性实验；实验学时为六学时．

4.2.1 实验目的

1. 学会分析税收与补贴对供给曲线或需求曲线的影响．

2. 了解政府在市场交易中的作用．

3. 学习计算交易双方税负分担或补贴分享的份额．

4. 了解税收或补贴对市场均衡和市场运行效率的影响．

4.2.2 实验理论和方法

1. 实验理论

（1）税收．税收是依照法律规定，对个人或组织无偿征收实物或货币的总称．它是国家财政收入的形式，也是政府对市场进行干预的主要手段．

（2）补贴．补贴是指由政府提供货币，以降低生产者及消费者面对的价格．一般而言，补贴通常提供给与公众利益有关的产品．

（3）税收效应．税收效应是指政府课税所引起的各种经济反应．主要有税收的消费效应和税收的生产效应．

（4）税收归宿．税收归宿是指全部的税收负担最后由谁承担．这取决于需求与供给的相对弹性．

（5）对市场均衡的影响．市场均衡是指市场交易中，买方愿意购买的数量正好等于卖方愿意出售的数量的状态，即供给与需求相等的状态．这时相应形成了市场均衡价格．税收与补贴对均衡价格有影响．

2．实验方法——情境实验

4.2.3 实验内容

1．实验情境

为了给班级的同学们选择合适的班服，你和你的同学们来到服装市场购买和销售 T 恤，你们的目标是获得最大利润．同学们根据自身的成本价格以及保留价格来讨价还价，最终确定成交价格．分为 5 种设定的情境：

（1）政府对市场不存在干涉，没有税收与补贴．

（2）政府向厂商征收 1%的税收，使厂商的保留价格均增加．

（3）政府向消费者征收 1%的税收，使消费者的保留价格均下降．

（4）政府向厂商补贴 1%的补贴值，使厂商的保留价格均减少．

（5）政府向消费者补贴 1%的补贴值，使消费者的保留价格均增加．

2．实验规则(不同的情境实验规则有所不同)

（1）参与者自由选择分组，一组扮演买方，一组扮演卖方．

（2）每一轮开始前，每位参与者会收到一个买方价值和卖方成本，以及税收和补贴值．

（3）交易过程，买卖双方私下讨论达成交易；也可以公开提出报价要约，由多个交易对象竞价后，与其中一个达成交易．

（4）交易中如果价格达成一致，买卖双方应该签订一份销售合同并将它交给市场主管．一次交易只能有一份合同．销售合同记录买卖双方的名字或身份代码、价格和一些交易的细节．

（5）每轮所有交易必须在给定时间内完成．交易双方的目标是使自己的收益最大化．

4.2.4 实验仪器

计算机、卡纸、参考资料．

4.2.5 实验步骤和结果分析

按实验内容编写实验步骤，通过实验写出实验结果并进行分析，最后撰写实验报告．

4.2.6 收获与思考

读者完成．

4.2.7 思考题

（1）实验开始前，考虑税收或补贴对消费者和厂商的利益将发生什么样的变化?

（2）参与者将买方价值和卖方成本透露是否会对决策有影响?

（3）税收或补贴对市场运行效率有什么样的影响?

(4) 对卖方进行税收与补贴对市场均衡有什么影响?

(5) 对买方进行税收与补贴对市场均衡有什么影响?

(6) 不同的买卖双方价值与成本的设定、成交价格的变化对社会福利有何影响?

4.3 竞争与垄断——餐饮与南瓜市场

实验类型为验证设计性实验;实验学时为八学时.

4.3.1 实验目的

1. 理解完全竞争市场和完全垄断市场的概念.
2. 理解市场中单一厂商的价格和产量的决策原则.
3. 理解市场的需求曲线和供给曲线,边际收益曲线.
4. 理解市场的短期和长期均衡.

4.3.2 实验理论和方法

1. 实验理论

(1) 完全竞争市场.充分竞争而不受任何阻碍和干扰的一种市场结构.市场中有众多的生产者和消费者,都不能影响价格;生产的产品具有同质性;进出市场不受限制;信息完全;资源自由流动.

(2) 需求曲线和收益曲线.市场的需求曲线向右下方倾斜,单个厂商的需求曲线水平.完全竞争条件下,厂商的需求曲线、边际收益曲线和平均收益曲线三线重合.

(3) 完全竞争厂商市场的短期均衡条件为MR=MC=P.长期均衡的条件为MR=LMC=SMC=LAC=SAC,MR=AR=P.

(4) 完全垄断.完全垄断意味着一个行业只有一家厂商,通过控制产量或供给来控制价格以获得最大利润.

(5) 需求曲线.完全垄断厂商的需求曲线向右下方倾斜,同时也是厂商的平均收益曲线.

(6) 短期与长期均衡.垄断厂商短期均衡的条件是MR=SMC;长期均衡的条件是MR=LMC=SMC.

2. 实验方法——情境实验

4.3.3 实验内容

1. 实验情境一

你有没有想过开一家餐厅?餐饮业与其他行业一样,不管你是否出售商品,都要花费一定的成本,还有一部分成本取决于商品的销售量.一家餐厅的固定成本包括房屋的租金、购买厨房设备的成本、购买桌椅的成本、广告成本和雇佣员工的成本.无论卖出多少菜肴,都必须支付这些成本.而制作菜肴需要支付的成本则因出售数量的不同而不同，是可变成本．

在真实的世界中，每个人都可以开一家餐厅，但并不是每个人都可以盈利．若少数人经营餐厅，则消费者对餐厅的菜肴需求会非常高，而且餐厅的利润很高；若很多人都经营餐厅，消费者对每一家餐厅的菜肴需求就会很低，而且竞争会使他们中的一些遭受损失．我们将研究竞争如何决定餐厅的数量．

2. 实验规则一

(1) 在这个市场，任何人都可以开一家餐厅，这些餐厅都很小．

(2) 如果经营一家餐厅，至多可以为5名消费者服务．

(3) 不管是否有顾客光顾，经营者都必须支付200元的固定成本．

(4) 每一份菜肴的可变成本为50元．一家餐厅的总成本 $C=200+50n$，$0\leqslant n\leqslant 5$.

(5) 教室里的每一个人都是所有餐厅的潜在消费者．每一期的交易中，每个人会得到一份记录他的买方价值的个人信息表．若选择购买一份菜肴，市场管理者将会付给你等于你的买方价值的金额，所获利润是买方价值与支付的价格之差．

(6) 如果你经营着一家餐厅，可以在自己的餐厅或别人的餐厅购买菜肴．

3. 实验情境二

南瓜镇只有一家南瓜供应商，该南瓜商可以凭自己的意愿生产产品和定价，消费者只能接受．现在假设要为南瓜进行产量决策，使南瓜商的利润最大化.

4. 实验规则二

(1) 每位参与者会在实验前获得相关的市场信息．

(2) 参与者在对商品生产决策时，以“个”为单位．

(3) 参与者做出决策时，不得超过市场的最大需求量．

(4) 每轮的决策信息将反馈给参与者．

(5) 实验过程中参与者不允许与其他组的参与者讨论或者透露信息、决策意图．

(6) 可以由一个参与者代表一家南瓜生产商参与实验，也可2～3人作为一个决策单位，代表南瓜生产商参与实验，但必须以一个决策单位为一组作为市场上的南瓜供应商，其余参与者观摩实验过程并参与讨论．实验过程中，参与者将通过决定价格，获得相应的收益．

5. 实验情境三

南瓜镇南瓜特别畅销，所以大量南瓜商涌入南瓜镇．商家无法对南瓜进行定价，必须接受市场上的价格，消费者接受此价格，现在假设为南瓜进行产量决策，使南瓜商的利润最大化．

6. 实验规则三

实验规则三同实验规则二.

4.3.4 实验仪器

计算机、卡纸、参考资料.

4.3.5 实验步骤和结果分析

按实验内容编写实验步骤，通过实验写出实验结果并进行分析，最后撰写实验报告.

4.3.6 收获与思考

读者完成.

4.3.7 思考题

(1) 参与者在实验前，是否考虑过实现利益最大化的策略以及实现利益最大化的限制因素?

(2) 参与者的决策是否受交易信息公开与否的影响?

(3) 完全竞争和完全垄断市场的效率如何决定，是否都有效率?

(4) 实验规则对实验结果是否有影响?

(5) 如果你想在大学城里开一家咖啡馆，你将如何判断它是否会赚钱?

4.4 寡头垄断

实验类型为验证设计性实验；实验学时为六学时.

4.4.1 实验目的

1. 理解垄断竞争市场和寡头垄断市场的概念.

2. 理解寡头垄断市场中定价方式和产量的决策原则.

3. 理解市场的短期和长期均衡.

4. 对比不同市场类型的经济效率.

4.4.2 实验理论和方法

1. 实验理论

(1) 垄断竞争市场. 一个市场中有许多厂商生产和销售有差别的同种产品. 厂商数量众多，生产规模较小，进出市场比较容易.

(2) 需求曲线和短期均衡. 垄断竞争厂商面临主观需求 d 曲线和客观需求 D 曲线. 垄断竞争厂商短期均衡的条件是 MR=SMC.

(3) 长期均衡. 垄断竞争厂商长期均衡的条件是 MR=LMC=SMC，AR=LAC=SAC.

2. 实验方法——情境实验

4.4.3 实验内容

1. 实验情境一

空调市场价格由两种空调的总供给量决定，为实验方便，假设空调市场最高容量为500台，最高价格为50元，因此需求曲线的斜率为0.1；两家企业空调生产的单位成本为10元．参与者作为两家企业的总经理进行实验，依据以往的销售经验决定空调的生产量，以获得最大收益．

2. 实验规则一

(1) 每位参与者会在实验前获得相关的市场信息(包括最高决策量、生产成本、价格与市场总量关系)．

(2) 参与者在对商品生产决策时，以“台”为单位．

(3) 参与者做出决策时，不得超过生产市场最高容量．

(4) 而当两个参与者的市场总生产量超过市场最高容量时，产品无法进行销售．此时参与者将不仅没有任何收入，还要承担生产成本．

(5) 每轮的收益信息、市场价格、总收益信息和决策信息将反馈给参与者，参与者可以依据这些信息进行下一轮的生产决策．

(6) 实验过程中参与者不允许与其他组的参与者讨论或者透露信息、决策意图．

3. 实验情境二

根据2014前三个季度的数据显示，中国在线机票服务出现“寡头垄断”的态势：A、B、C、D四大在线旅游网站占据在线机票服务市场90%的市场份额．在未来的在线机票服务中，这四大在线旅游网站将占据整个市场．假设这个市场的规模将维持在200个单位，机票价格与市场供应量呈线性关系，最高价格为50元，而四家寡头每卖出1张机票，成本将增加1元．参与者分别扮演四大在线旅游网站，分别决定应该向市场投放多少机票，以获得最大利润．

4. 实验规则二

实验规则二参考实验规则一．

4.4.4　实验仪器

计算机、卡纸、参考资料．

4.4.5　实验步骤和结果分析

按实验内容编写实验步骤，通过实验写出实验结果并进行分析，最后撰写实验报告．

4.4.6　收获与思考

读者完成．

4.4.7　思考题

(1) 理论的预测与实验的实际结果是否完全一致?

(2) 参与者是否有自已交易的收益预期?

(3) 厂商合谋对其利润有何影响?

(4) 比较寡头垄断市场和完全垄断市场、完全竞争市场的市场效率有何差异?

(5) 假设偏远小镇只有一家私人诊所，考虑该医生的定价问题.

4.5 拍卖

实验类型为验证设计性实验；实验学时为六学时.

4.5.1 实验目的

1. 了解拍卖的类型.

2. 了解拍卖交易模式的运作方式和内容.

3. 理解拍卖方式的价格发现过程.

4. 拓展拍卖理论和技术的应用.

4.5.2 实验理论和方法

1. 实验理论

(1) 拍卖的类型. 传统的拍卖形式有日本式拍卖、握手拍卖、有声轮转拍卖和无声拍卖. 现代拍卖方式主要有英式拍卖、荷式拍卖、一级密封拍卖和二级密封拍卖.

(2) 拍卖的特点. 与一般的买卖行为相比，有以下特点：以买者竞价形式进行交易；在一定的机构内有组织地进行；公开竞买的交易形式；现货交易；具有独特的法体和规章；在一定的时间内集中进行.

(3) 最优竞价原则. 一种类型是私人价值拍卖，竞拍人确切知道标的物对于他们的价值，但是不知道标的物相对于其他竞拍人的价值. 被拍卖的资产对竞标者而言，其价值是独立的、私人的. 另一种类型是共同价值拍卖，标的物对每个人的价值都是一样的，但不同的竞拍人对标的物未标明的价值有不同的估价. 相对应的拍卖模型有私有价值模型和共同价值模型，以及关联价值模型.

2. 实验方法——情境实验

4.5.3 实验内容

1. 实验情境

一个藏书家准备将他珍藏的一些书籍进行拍卖，你和你的同学们将对你们感兴趣的书籍进行交易. 拍卖人到场宣布："都是好东西，有不止一种办法来解决问题，所以，今天将会采用四种不同的拍卖方式." 分为以下四种情境：

(1) 对一些藏书用英式拍卖方式，最高竞价者得到标的物.

(2) 对一些藏书用荷兰式拍卖方式，最先表示可以接受逐渐降低的价格的竞拍者得到标的物.

(3) 对一些藏书用一级密封价格拍卖方式，竞价者将出价和名字写在纸片上，交给拍卖人，标的物将卖给出价最高的人.

(4) 对一些藏书用二级密封价格拍卖方式，竞价者将出价和名字写在纸片上，交给拍卖人，标的物将卖给出价最高的人，但是成交价是第二高的竞价者的出价.

2. 实验规则

(1) 每种拍卖形式都是把学生分成几个小组独立进行.

(2) 每位参与者都会有一个不同的买方价值，你的买方价值与你学号的最后三位数字保持一致.

(3) 参与者的利润就是他的买方价值减去所支付的价格.

(4) 一级密封价格拍卖中的买方价值为学号的倒数第四个和倒数第三个号码给出.

(5) 二级密封价格拍卖中的利润是买方价值减去这个小组的第二高的出价.

4.5.4 实验仪器

计算机、卡纸、参考资料.

4.5.5 实验步骤和结果分析

按实验内容编写实验步骤，通过实验写出实验结果并进行分析，最后撰写实验报告.

4.5.6 收获与思考

读者完成.

4.5.7 思考题

(1) 竞拍者的人数和竞价结果是否有关系?

(2) 哪种拍卖竞拍者更愿意给出自己的真实价格?

(3) 几种不同拍卖方式所获得的拍卖结果可能会是同质的吗?

第 5 章　MATLAB 程序设计

MATLAB 程序设计实验是 MATLAB 程序设计课程的重要组成部分，作为与相关教学内容配合的必不可少的实践性教学环节．实验包括 MATLAB 运算基础与矩阵处理，MATLAB 程序设计，MATLAB 绘图，MATLAB 数值计算和符号计算，以及 MATLAB－GUI 设计．通过这些实验，使学生熟悉和掌握 MATLAB，培养训练学生的科学计算编程能力，以及应用数学知识和计算机解决实际问题的能力．

5.1　MATLAB 运算基础与矩阵处理

实验类型为基础演示性实验；实验学时为四学时．

5.1.1　实验目的

1. 熟悉启动和退出 MATLAB 软件的方法．
2. 熟悉 MATLAB 软件的运行环境．
3. 熟悉 MATLAB 的基本操作．
4. 掌握建立矩阵的方法．
5. 掌握 MATLAB 各种表达式的书写规则以及常用函数的使用．
6. 能用 MATLAB 进行基本的数组、矩阵运算．
7. 能用矩阵求逆法解线性方程组．

5.1.2　实验理论与方法

MATLAB 软件的运行环境、MATLAB 的基本操作、矩阵的创建、MATLAB 各种表达式的书写规则以及常用函数的使用，MATLAB 的数组、矩阵运算，用矩阵求逆法解线性方程组．

5.1.3　实验内容

1. 练习下面的指令，写出每个指令的作用．

cd，clear，dir，path，help，who，whos，save，load

2. 建立自己的工作目录 MYBIN 和 MYDATA，并将它们分别加到搜索路径的前面或后面．

3. 求$[12+2*(7-4)]\div 3^2$的算术运算结果．

4. 求出下列表达式的值，然后显示 MATLAB 工作空间的使用情况并保存全部变量：

$$z_1=\frac{2\sin 85°}{1+e^2},$$

$$z_2=\frac{1}{2}\ln(x+\sqrt{1+x^2})，其中\ x=\begin{bmatrix}2 & 1+2i\\ -0.45 & 5\end{bmatrix}.$$

5. 利用 MATLAB 的帮助功能分别查询 inv、plot、max、round 函数的功能和用法.

6. 写出完成下列操作的命令：

(1) 建立 3 阶单位矩阵.

(2) 建立 5×6 随机矩阵 **A**，其元素为[100，200] 范围内的随机整数.

(3) 产生均值为 1，方差为 0.2 的 50 个正态分布的随机数.

(4) 产生和 **A** 同样大小的幺矩阵.

(5) 将矩阵 **A** 的对角线元素加 30.

(6) 从矩阵 **A** 提取对角线元素，并以这些元素构成对角阵 **B**.

7. 已知

$$\boldsymbol{A}=\begin{bmatrix}12 & 34 & -4\\ 34 & 7 & 87\\ 3 & 65 & 7\end{bmatrix},\qquad \boldsymbol{B}=\begin{bmatrix}1 & 3 & -1\\ 2 & 0 & 3\\ 3 & -2 & 7\end{bmatrix},$$

求下列表达式的值：

(1) K11=A+6 * B 和 K12=A−B+I(其中 I 为单位矩阵).

(2) K21=A * B 和 K22=A. * B.

(3) K31=A^3 和 K32=A.^3.

(4) K41=A/B 和 K42=B\A.

(5) K51=[A，B] 和 K52=[A([1，3]，:)；B^2].

8. 下面是一个线性方程组：

$$\begin{bmatrix}1/2 & 1/3 & 1/4\\ 1/3 & 1/4 & 1/5\\ 1/4 & 1/5 & 1/6\end{bmatrix}\begin{bmatrix}x_1\\ x_2\\ x_3\end{bmatrix}=\begin{bmatrix}0.95\\ 0.67\\ 0.52\end{bmatrix},$$

(1) 求方程的解.

(2) 将方程右边向量元素 b_3 改为 0.53，再求解，并比较 b_3 的变化和解的相对变化.

5.1.4　实验仪器

计算机、MATLAB 软件.

5.1.5　实验步骤和结果分析

按实验内容编写实验步骤，通过实验写出实验结果并进行分析，最后撰写实验报告.

5.1.6 收获与思考

读者完成．

5.2 MATLAB 程序设计

实验类型为基础演示性实验；实验学时为八学时．

5.2.1 实验目的

1. 掌握 MATLAB 程序编辑、运行及调试方法．

2. 掌握命令文件和函数文件的编写．

5.2.2 实验理论与方法

1. 命令文件和函数文件的编写．

2. 程序控制结构：

(1) 顺序结构．

(2) 选择结构——if 语句、switch 语句、try 语句．

(3) 循环结构——for 语句、while 语句、break 语句、continue 语句．

5.2.3 实验内容

1. 启动 MATLAB 后，点击 File|New|M-File，启动 MATLAB 的程序编辑及调试器(Editor / Debugger)，编辑以下程序，点击 File|Save 保存程序，注意文件名最好用英文字符．点击 Debug|Run 运行程序，在命令窗口查看运行结果，程序如有错误则改正．

注：数论中一个有趣的题目——任意一个正整数，若为偶数，则用 2 除之，若为奇数，则与 3 相乘再加上 1. 重复此过程，最终得到的结果为 1. 如：

2→1

3→10→5→16→8→4→2→1

6→3→10→5→16→8→4→2→1

运行下面的程序，按程序提示输入 n=1、2、3、5、7 等数来验证这一结论．

```
%classic "3n+1" problem from number theory.
while 1
  n=input('Enter n,negative quits:');
  if n<=0
    break
  end
  a=n;
  while n>1
    if rem(n,2)==0
```

```
        n=n/2;
      else n=3*n+1;
      end
      a=[a,n];
    end
    a
end
```

2. 编写求解方程 $ax^2+bx+c=0$ 的根的函数(这个方程不一定为一元二次方程，因 a、b、c 的不同取值而定)，这里应根据 a、b、c 的不同取值分别处理，有输入参数提示，当 $a=0$，$b=0$，$c\neq0$ 时应提示“为恒不等式!”，并输入几组典型值加以检验．

3. 输入一个百分制成绩，要求输出成绩等级 A+、A、B、C、D、E. 其中 100 分为 A+，90～99 分为 A，80～89 分为 B，70～79 分为 C，60～69 分为 D，59 分以下为 E.

要求：

(1) 用 switch 语句实现．

(2) 输入百分制成绩后要判断该成绩的合理性，对不合理的成绩应输出出错信息．

4. 利用 for 循环语句编写计算 $n!$ 的函数程序，取 n 分别为－89、0、3、5、10 验证其正确性(输入 n 为负数时输出出错信息).

5. Fibonacci 数组的元素满足 Fibonacci 规则：$a_{k+2}=a_k+a_{k+1}$ $(k=1, 2, \cdots)$；且 $a_1=a_2=1$. 现要求该数组中第一个大于 10000 的元素．

6. 根据 $\frac{\pi^2}{6}=\frac{1}{1^2}+\frac{1}{2^2}+\frac{1}{3^2}+\cdots+\frac{1}{n^2}$，求 π 的近似值．当 n 分别取 100、1000、10000 时，结果是多少?

5.2.4　实验仪器

计算机、MATLAB 软件．

5.2.5　实验步骤和结果分析

按实验内容编写实验步骤，通过实验写出实验结果并进行分析，最后撰写实验报告．

5.2.6　收获与思考

读者完成．

5.3　MATLAB 绘图

实验类型为验证设计性实验；实验学时为八学时．

5.3.1 实验目的

1. 掌握绘制二维图形的常用函数.

2. 掌握绘制三维图形的常用函数.

3. 熟悉利用图形对象进行绘图操作的方法.

4. 掌握绘制图形的辅助操作.

5.3.2 实验理论与方法

1. 绘制二维数据曲线 plot 函数以及各种图形修饰.

2. 绘制三维曲线 plot3 函数.

3. 绘制三维曲面 mesh，surf 函数.

4. 低层绘图操作：将图形的每个图形元素(如坐标轴、曲线、文字等)看作一个独立的对象，系统给每个对象分配一个句柄，通过句柄对该图形元素进行操作.

5.3.3 实验内容

1. 将图形窗口分成两格，分别绘制正割和余割函数曲线，并加上适当的标注.要求：

(1) 必须画出 0 到 2π，即一个周期的曲线.

(2) 正割曲线为红色点划线输出，余割曲线为蓝色实线输出.

(3) 图形上面表明正割和余割公式，横轴标 x，纵轴标 y.

(4) 将图形窗口分成两格，正割在上，余割在下.

2. 将图形窗口分成两个窗格，分别绘制出函数 $y_1=2x+5$ 和 $y_2=x^2-3x+1$ 在[0，3]区间上的曲线，并利用 axis 调整轴刻度纵坐标刻度，使 y_1 在[0，12]区间上，y_2 在[−2，1.5]区间上.

3. 用曲面图表现函数 $z=x^2+y^2$，x 和 y 的范围从−4 到 4，设置当前图形的颜色板从黑色到暗红、洋红、黄色、白色的平滑变化，打开网格.

4. 先建立一个图形窗口，使之背景色为红色，窗口标题为学号和姓名，标题前缀没有“Figure No. 1”字样，并在窗口上保留原有的菜单项，而且在按下鼠标的左键之后显示出 Left Button Pressed 字样；在所建立的图形窗口中用默认属性绘制曲线 $y=x^2e^{2x}$，然后通过图形句柄操作来改变曲线的颜色、线型和线宽，并利用文字对象给曲线添加文字标注.

5.3.4 实验仪器

计算机、MATLAB 软件.

5.3.5 实验步骤和结果分析

按实验内容编写实验步骤，通过实验写出实验结果并进行分析，最后撰写实验报告.

5.3.6　收获与思考

读者完成.

5.3.7　思考题

根据$\frac{x^2}{a^2}+\frac{y^2}{25-a^2}=1$绘制平面曲线，并分析参数 a 对其形状的影响.

5.4　MATLAB 数值计算与符号计算

实验类型为基础演示性实验；实验学时为四学时.

5.4.1　实验目的

1. 掌握数据插值和曲线拟合的方法.
2. 掌握求数值导数和数值积分的方法.
3. 掌握代数方程数值求解的方法.
4. 掌握常微分方程数值求解的方法.
5. 掌握求解优化问题的方法.
6. 掌握求符号极限、导数和积分的方法.
7. 掌握代数方程符号求解的方法.
8. 掌握常微分方程符号求解的方法.

5.4.2　实验理论与方法

1. 数据插值

(1) 一维数据插值 Y1=interp1(X，Y，X1，'method').

(2) 二维数据插值 Z1=interp2(X，Y，Z，X1，Y1，'method').

2. 曲线拟合：[P，S]=polyfit(X，Y，m).

3. 符号对象的建立

(1) 符号量名=sym(符号字符串)：建立单个的符号变量或常量.

(2) syms arg1，arg2，…，argn：建立 n 个符号变量或常量.

4. 基本符号运算

(1) 基本四则运算：+，-，*，\，^.

(2) 分子与分母的提取：[n，d]=numden(s).

(3) 因式分解与展开：factor(s)，expand(s).

(4) 化简：simplify，simple(s).

5. 符号函数及其应用

(1) 求极限：limit(f，x，a).

(2) 求导数：diff(f，x，a).

(3) 求积分：int(f，v).

5.4.3 实验内容

1. 按表 5.1 用 3 次样条方法插值计算 0～900 范围内整数点的正弦值和 0～750范围内整数点的正切值，然后用 5 次多项式拟合方法计算相同的函数值，并将两种计算结果进行比较．

表 5.1 实验数据表

度	0	15	30	45	60	75	90
Sin	0	0.2588	0.5000	0.7071	0.8660	0.9659	1.0000
Tan	0	0.2679	0.5774	1.0000	1.7320	3.7320	

2. 求函数 $f(x)=\sin^3 x+\cos^3 x$ 在点 $x=\frac{\pi}{6}$，$\frac{\pi}{4}$，$\frac{\pi}{3}$，$\frac{\pi}{2}$的数值导数．

3. 求方程 $3x+\sin x-\mathrm{e}^x=0$ 在 $x_0=1.5$ 附近的根．

4. 求函数 $f(x)=\frac{x^3+\cos x+x\ln x}{\mathrm{e}^x}$在(0，1)内的最小值．

5. 求解有约束最优化问题：

$$\min \quad f(x_1,\ x_2)=0.4x_2+x_1^2+x_2^2-x_1x_2+\frac{1}{30}x_1^3$$

$$\text{s.t.}\begin{cases}x_1+0.5x_2\geqslant 0.4,\\0.5x_1+x_2\geqslant 0.5,\\x_1\geqslant 0,\ x_2\geqslant 0.\end{cases}$$

6. 分别用数值和符号求解定积分 $\int_0^{\ln 2}\mathrm{e}^x(1+\mathrm{e}^x)^2\mathrm{d}x$．

7. 求下列微分方程的数值解与符号解，并画图进行比较．

$$\begin{cases}\dfrac{\mathrm{d}^2y}{\mathrm{d}x^2}+4\dfrac{\mathrm{d}y}{\mathrm{d}x}+29y=0,\\y(0)=0,\ y'(0)=0.\end{cases}$$

5.4.4 实验仪器

计算机、MATLAB 软件．

5.4.5 实验步骤和结果分析

按实验内容编写实验步骤，通过实验写出实验结果并进行分析，最后撰写实验报告．

5.4.6 收获与思考

读者完成．

5.5 MATLAB－GUI 设计

实验类型为验证设计性实验；实验学时为八学时．

5.5.1 实验目的

1. 掌握菜单设计、对话框设计的方法.
2. 掌握掌握建立控件对象的方法.
3. 掌握利用GUIDE设计GUI的方法.

5.5.2 实验理论与方法

1. 创建MATLAB GUI界面的方法

方式一：使用m文件创建GUI.

在m文件中动态添加，例如：

```
h_main=figure('name', 'a demo of gui design', 'menubar', 'none', …
    'numbertitle', 'off', 'position', [100 100 300 100]);
h_edit=uicontrol('style', 'edit', 'backgroundcolor', [1 1 1], 'position', [20 20 50 20], …
    'tag', 'myedit', 'string', '1', 'horizontalalignment', 'left');
h_but1=uicontrol('style', 'pushbutton', 'position', [20 50 50 20], 'string', 'INC', …
    'callback', ['v=(get(h_edit, "string")); ', 'set(h_edit, "string", int2str(v+1)); ']);
h_but2=uicontrol('style', 'pushbutton', 'position', [80 50 50 20], 'string', 'DEC', …
    'callback', ['v=(get(h_edit, "string")); ', 'set(h_edit, "string", int2str(v-1)); ']);
```

方式二：使用GUIDE创建GUI.

在Command里面输入GUIDE或者从菜单里面，或者从快捷按钮均可进入GUIDE新建并且保存后，会生成相应的fig文件和m文件，在Layout编辑视图，可以使用如下工具：

(1) Layout Editor：布局编辑器.

(2) Alignment Tool：对齐工具.

(3) Property Inspector：对象属性观察器.

(4) Object Browser：对象浏览器.

(5) Menu Editor：菜单编辑器.

2. 使用控件

新建一个布局(窗口)，可以在新窗口中添加如下控件：

(1) 静态文本(Static Text)；(2) 编辑框(Edit Text)控件；

(3) 列表框(Listbox)控件；(4) 滚动条(Slider)控件；

(5) 按钮(Push Button)控件；(6) 开关按钮(Toggle Button)控件；
(7) 单选按钮(Radio Button)控件；(8) 按钮组(Button Group)控件；
(9) 检录框(Check Box)控件；(10) 列表框(Listbox)控件；
(11) 弹出式菜单(Popup Menu)控件；(12) 坐标轴(Axes)控件；
(13) 面板(Panel)控件.

5.5.3 实验内容

1. 编写m文件建立一个图形窗口，背景色设为红色，窗口标题为学号和姓名，标题前缀没有“Figure No. 1”字样，起始与屏幕左下角、宽度和高度分别为300像素点和150像素点，并在窗口上保留原有的菜单项，而且在按下鼠标的左键之后显示出Left Button Pressed字样.

2. 利用GUIDE设计一个简易计算器，实现加减乘除功能.

5.5.4 实验仪器

计算机、MATLAB软件.

5.5.5 实验步骤和结果分析

按实验内容编写实验步骤，通过实验写出实验结果并进行分析，最后撰写实验报告.

5.5.6 收获与思考

读者完成.

第 6 章 数值分析

数值分析也称为数值方法、数值计算或计算方法，其研究对象是用计算机求解各种数学问题的数值方法的设计、分析及相关数学理论与软件实现，是一个重要的数学分支．数值分析课程通常包含理论课和实验课两种教学形式，理论课侧重数值方法的原理和分析，实验课侧重于数值方法的实践与感悟．本课程为数值分析课程的实验部分，主要任务是对理论课中介绍的经典数值方法通过某种数学软件(C 或 MATLAB)进行实践，这些方法主要包含求解非线性方程的迭代法、求解线性代数方程组的直接法和迭代法、插值与拟合、数值积分与数值微分等．本实验课程的目的是通过实验教学使学生体会各种常用数值方法的计算过程和方法的特点，并且在这个过程中提高学生的算法设计能力和分析能力，为在计算机上解决科学计算问题打下良好的基础．

6.1 一元非线性方程的迭代解法

实验类型为基础演示性实验；实验学时为四学时．

6.1.1 实验目的

1. 理解方程迭代解法的原理．

2. 了解求解一元非线性方程的一般步骤．

3. 掌握简单迭代公式的建立方法、计算过程的控制方法及计算结果的分析方法．

4. 实现求解一元非线性方程的经典方法：二分法、牛顿法、弦截法，体会全局方法和局部快速收敛方法．

6.1.2 实验理论与方法

1. 迭代法原理

将一元非线性方程 $f(x)=0$($f(x)$为连续函数)等价变形为迭代方程 $x=\varphi(x)$，并改写为迭代公式 $x_{n+1}=\varphi(x_n)$的形式；将初值 x_0 代入迭代公式，循环计算得迭代数列$\{x_n\}$，由 $\varphi(x)$的连续性得以保证：若数列$\{x_n\}$收敛，则必收敛于方程 $f(x)=0$ 的根．

2. 求解一元非线性方程的一般步骤

(1) 判定根的存在性．

(2) 确定根的分布范围．

(3) 根的精确化.

3. 二分法

(1) 取含根区间$[a, b]$的中点x_0，计算$f(x_0)$.

(2) 检查$f(x_0)$是否与$f(a)$同号，如果是，则x^*在右半区间，于是令$a_1=x_0$，$b_1=b$；否则，根在左半区间，令$a_1=a$，$b_1=x_0$.

(3) 若$b_1-a_1>\varepsilon$(预先给定的精度要求)，则对区间$[a_1, b_1]$重复前面的步骤，否则结束.

4. 牛顿法

$$x_{n+1}=x_n-\frac{f(x_n)}{f'(x_n)} \quad (n=0, 1, 2, \cdots).$$

5. 弦截法

(1) 单点弦截法：

$$x_{n+1}=x_n-\frac{(x_n-x_0)f(x_n)}{f(x_n)-f(x_0)} \quad (n=1, 2, \cdots).$$

(2) 双点弦截法(快速弦截法)：

$$x_{n+1}=x_n-\frac{(x_n-x_{n-1})f(x_n)}{f(x_n)-f(x_{n-1})} \quad (n=1, 2, \cdots).$$

6.1.3 实验内容

1. 用二分法求方程$x^3-2x^2-4x-7=0$在$[3, 4]$内的根，精确到10^{-3}，即误差不超过$\frac{1}{2}\times10^{-3}$.

2. 将一元非线性方程$2\cos x-e^x=0$写成收敛的迭代公式，并求其在$x_0=0.5$附近的根，精确到10^{-2}.

3. 分别用下列方法求方程$4\cos x=e^x$在$x_0=\frac{\pi}{4}$附近的根，要求有三位有效数字.

(1) 牛顿法，取$x_0=\frac{\pi}{4}$.

(2) 弦截法，取$x_0=\frac{\pi}{4}$.

(3) 快速弦截法，取$x_0=\frac{\pi}{4}$，$x_1=\frac{\pi}{2}$.

6.1.4 实验仪器

计算机、MATLAB软件或Visual C++软件.

6.1.5 实验步骤和结果分析

按实验内容编写实验步骤，通过实验写出实验结果并进行分析，最后撰写实验报告.

6.1.6　收获与思考

读者完成.

6.2　求解线性方程组的直接方法

实验类型为基础演示性实验：实验学时为四学时.

6.2.1　实验目的

1. 掌握求解线性方程组的高斯消去法.

2. 理解列主元素技术并掌握列主元的高斯消去法.

3. 理解并掌握求解线性方程组的三角分解法和列主元的三角分解法.

6.2.2　实验理论与方法

1. 高斯消去法

$$\text{消元}\begin{cases} m_{ik}=-a_{ik}^{(k)}/a_{kk}^{(k)}, \\ a_{ij}^{(k+1)}=a_{ij}^{(k)}+m_{ik}\cdot a_{kj}^{(k)}, \\ b_i^{(k+1)}=b_i^{(k)}+m_{ik}\cdot b_k^{(k)}, \end{cases} \qquad \begin{matrix} i,j=k+1,\ k+2,\ \cdots,\ n, \\ k=1,\ 2,\ \cdots,\ n-1. \end{matrix}$$

$$\text{回代}\begin{cases} x_n=b_n^{(n)}/a_{nn}^{(n)}, \\ x_k=\left(b_k^{(k)}-\sum_{j=k+1}^{n} a_{kj}^{(k)}x_j\right)/a_{kk}^{(k)}, \end{cases} \qquad k=n-2,\ n-3,\ \cdots,\ 1.$$

2. 列主元的高斯消去法

在高斯消去法第 k 次消元的过程中，在参与运算的第 k 列元素中选取绝对值最大的元素作为新的 $a_{kk}^{(k)}$ 值(主元素)，将主元素所在的方程与第 k 个方程进行交换，然后再按照高斯消去法的步骤进行.

3. LU 三角分解法

$$\begin{cases} u_{ij}=a_{ij}-\sum_{k=1}^{i-1} l_{ik}u_{kj}, & i\leqslant j, \\ l_{ij}=\left(a_{ij}-\sum_{k=1}^{j-1} l_{ik}u_{kj}\right)/u_{jj}, & i>j. \end{cases}$$

6.2.3　实验内容

1. 用高斯消去法和列主元的高斯消去法求解方程组

$$\begin{cases} 2x_1-x_2+3x_3=1, \\ 4x_1+2x_2+5x_3=4, \\ x_1+2x_2\qquad\quad=7. \end{cases}$$

2. 用 LU 三角分解法和列主元的 LU 三角分解法求解方程组

$$\begin{pmatrix} 5 & 7 & 9 & 10 \\ 6 & 8 & 10 & 9 \\ 7 & 10 & 8 & 7 \\ 5 & 7 & 6 & 5 \end{pmatrix}\begin{pmatrix} x_1 \\ x_2 \\ x_3 \\ x_4 \end{pmatrix}=\begin{pmatrix} 1 \\ 1 \\ 1 \\ 1 \end{pmatrix}.$$

6.2.4 实验仪器

计算机、MATLAB 软件或 Visual C ++软件.

6.2.5 实验步骤和结果分析

按实验内容编写实验步骤，通过实验写出实验结果并进行分析，最后撰写实验报告.

6.2.6 收获与思考

读者完成.

6.3 求解线性方程组的迭代方法

实验类型为基础演示性实验，实验学时为四学时.

6.3.1 实验目的

1. 理解线性方程组的迭代解法原理.

2. 了解松弛迭代思想.

3. 掌握求解线性方程组的经典方法：雅克比迭代法、高斯—赛德尔迭代法和松弛迭代法.

6.3.2 实验理论与方法

1. 线性方程组的迭代原理

$$\left.\begin{array}{r} \boldsymbol{AX}=\boldsymbol{B}\Leftrightarrow \boldsymbol{X}=\boldsymbol{MX}+\boldsymbol{N}\Rightarrow \boldsymbol{X}^{(n+1)}=\boldsymbol{MX}^{(n)}+\boldsymbol{N} \\ \text{初始向量 } \boldsymbol{X}^{(0)} \end{array}\right\}\Rightarrow \text{向量序列}\{\boldsymbol{X}^{(n+1)}\},$$

若此向量序列收敛，必收敛于方程组的解向量.

2. 雅克比迭代法

(1) 分量形式的迭代公式：

$$\begin{cases} x_i^{(k+1)}=\sum_{j=1}^{n} g_{ij}x_j^{(k)}+f_i, & i=1,2,\cdots,n, \\ g_{ij}=-\dfrac{a_{ij}}{a_{ii}}(i\neq j),\ g_{ii}=0, & i,j=1,2,\cdots,n, \\ f_i=\dfrac{b_i}{a_{ii}}, & i=1,2,\cdots,n. \end{cases}$$

(2) 矩阵形式的迭代公式：

$$\boldsymbol{X}^{(k+1)}=-\boldsymbol{D}^{-1}(\tilde{\boldsymbol{L}}+\tilde{\boldsymbol{U}})\boldsymbol{X}^{(k)}+\boldsymbol{D}^{-1}\boldsymbol{b},\quad k=0,1,2,\cdots.$$

3. 高斯—赛德尔迭代法

(1) 分量形式的迭代公式：

$$x_i^{(k+1)}=\sum_{j=1}^{i-1}\left(-\frac{a_{ij}}{a_{ii}}\right)x_j^{(k+1)}+\sum_{j=i+1}^{n}\left(-\frac{a_{ij}}{a_{ii}}\right)x_j^{(k)}-\frac{b_i}{a_{ii}}\quad(i=1,2,\cdots,n).$$

(2) 矩阵形式的迭代公式：

$$\boldsymbol{X}^{(k+1)}=-\boldsymbol{D}^{-1}\widetilde{\boldsymbol{L}}\boldsymbol{X}^{(k+1)}-\boldsymbol{D}^{-1}\widetilde{\boldsymbol{U}}\boldsymbol{X}^{(k)}+\boldsymbol{D}^{-1}\boldsymbol{b}$$

$$\Leftrightarrow\boldsymbol{X}^{(k+1)}=-(\boldsymbol{D}+\widetilde{\boldsymbol{L}})^{-1}\widetilde{\boldsymbol{U}}\boldsymbol{X}^{(k)}+(\boldsymbol{D}+\widetilde{\boldsymbol{L}})^{-1}\boldsymbol{b}.$$

4. 逐次超松弛法

$$(\boldsymbol{D}+\omega\widetilde{\boldsymbol{L}})\boldsymbol{X}^{(k+1)}=[(1-\omega)\boldsymbol{D}-\omega\widetilde{\boldsymbol{U}}]\boldsymbol{X}^{(k)}+\omega\boldsymbol{b}.$$

6.3.3　实验内容

1. 给定方程组 $\begin{pmatrix}2&1&1\\1&1&1\\1&1&2\end{pmatrix}\begin{pmatrix}x_1\\x_2\\x_3\end{pmatrix}=\begin{pmatrix}0\\3\\1\end{pmatrix}$，给定 $\boldsymbol{X}^{(0)}=\begin{pmatrix}0\\0\\0\end{pmatrix}$，用雅克比迭代法和高斯—赛德尔迭代法求解该方程组，精确到 $\|\boldsymbol{X}^{(k+1)}-\boldsymbol{X}^{(k)}\|_\infty\leqslant\frac{1}{2}\times10^{-3}$.

2. 设方程组 $\begin{pmatrix}4&3&0\\3&4&-1\\0&-1&4\end{pmatrix}\begin{pmatrix}x_1\\x_2\\x_3\end{pmatrix}=\begin{pmatrix}24\\30\\-24\end{pmatrix}$，给定 $\boldsymbol{X}^{(0)}=\begin{pmatrix}1\\1\\1\end{pmatrix}$，用高斯—赛德尔迭代法和 $\omega=1.25$ 的 SOR 方法求解该方程组，精确到 $\|\boldsymbol{X}^{(k+1)}-\boldsymbol{X}^{(k)}\|_\infty\leqslant\frac{1}{2}\times10^{-3}$.

6.3.4　实验仪器

计算机、MATLAB 软件或 Visual C++软件.

6.3.5　实验步骤和结果分析

按实验内容编写实验步骤，通过实验写出实验结果并进行分析，最后撰写实验报告.

6.3.6　收获与思考

读者完成.

6.4　插值与拟合

实验类型为基础演示性实验；实验学时为两学时.

6.4.1　实验目的

1. 理解插值与拟合的思想.

2. 掌握牛顿插值法和拉格朗日插值法.

3. 掌握曲线拟合的最小二乘法.

6.4.2　实验理论与方法

1. 插值原则

已知 $f(x)$在节点 x_0，x_1，…，x_n 处的值 $f(x_0)$，$f(x_1)$，…，$f(x_n)$，求 $f(x)$ 的近似函数 $P(x)$，使其满足插值条件 $P(x_i)=f(x_i)$，$i=0, 1, 2, \cdots, n$.

2. 拉格朗日插值公式

$$L_n(x)=\sum_{k=0}^{n}\frac{(x-x_0)\cdots(x-x_{k-1})(x-x_{k+1})\cdots(x-x_n)}{(x_k-x_0)\cdots(x_k-x_{k-1})(x_k-x_{k+1})\cdots(x_k-x_n)}f(x_k).$$

3. 牛顿基本差商公式

$$N_n(x)=f(x_0)+f[x_0, x_1](x-x_0)+f[x_0, x_1, x_2](x-x_0)(x-x_1)+\cdots+ f[x_0, x_1, \cdots, x_n](x-x_0)(x-x_1)\cdots(x-x_{n-1}).$$

4. 拟合原则

已知 $f(x)$在节点 x_0，x_1，…，x_n 处的值 $f(x_0)$，$f(x_1)$，…，$f(x_n)$，求 $f(x)$的近似函数 $P(x)$，使其满足节点处的误差和 $\sum_{i=1}^{n}|P(x_i)-f(x_i)|^2$ 最小.

5. 最小二乘法

(1) 拟合函数 $P(x)=a_0\varphi_0(x)+a_1\varphi_1(x)+\cdots+a_m\varphi_m(x)$的系数满足

$$\begin{pmatrix}(\varphi_0, \varphi_0) & (\varphi_0, \varphi_1) & \cdots & (\varphi_0, \varphi_m)\\ (\varphi_1, \varphi_0) & (\varphi_1, \varphi_1) & \cdots & (\varphi_1, \varphi_m)\\ \vdots & \vdots & & \vdots\\ (\varphi_m, \varphi_0) & (\varphi_m, \varphi_1) & \cdots & (\varphi_m, \varphi_m)\end{pmatrix}\begin{pmatrix}a_0\\ a_1\\ \vdots\\ a_m\end{pmatrix}=\begin{pmatrix}(y, \varphi_0)\\ (y, \varphi_1)\\ \vdots\\ (y, \varphi_m)\end{pmatrix},$$

其中 $\varphi_0(x)$，$\varphi_1(x)$，…，$\varphi_m(x)$为线性无关的基函数，通常取 1，x，…，x^m.

(2) 可转化为线性模型 $s(x)=\sum_{k=0}^{n}a_k\varphi_k(x)$ 的数据关系：

①$y=ae^{bx}$；②$y=\dfrac{x}{ax+b}$.

6.4.3 实验内容

1. 给定函数表(表 6.1)

表 6.1 函数表 1

x_i	-0.1	0.3	0.7	1.1
$f(x_i)$	0.995	0.955	0.765	0.454

用三次拉格朗日公式近似计算 $f(0.2)$和 $f(0.8)$.

2. 给定函数表(表 6.2)

表 6.2 函数表 2

x_i	0.125	0.250	0.375	0.500	0.625	0.750
$f(x_i)$	0.79618	0.77334	0.74371	0.70413	0.65632	0.60228

用三次牛顿插值公式近似计算 $f(0.1581)$和 $f(0.636)$.

3. 给定数表(表 6.3)

表 6.3 数 表

x_i	7.2	2.7	3.5	4.1	4.8
y_i	65	60	53	50	46

用最小二乘法求形如 $y=a\cdot e^{bx}$ 的经验公式.

6.4.4 实验仪器

计算机、MATLAB 软件或 Visual C++软件.

6.4.5 实验步骤和结果分析

按实验内容编写实验步骤,通过实验写出实验结果并进行分析,最后撰写实验报告.

6.4.6 收获与思考

读者完成.

6.5 数值积分与数值微分

实验类型为基础演示性实验;实验学时为两学时.

6.5.1 实验目的

1. 掌握复化梯形公式.
2. 掌握复化辛普森公式.
3. 会用高斯公式计算积分.

6.5.2 实验理论与方法

1. 复化梯形公式

$$\int_a^b f(x)\mathrm{d}x = h\left(\frac{1}{2}f_0 + f_1 + f_2 + \cdots + f_{M-1} + \frac{1}{2}f_M\right) + R.$$

2. 复化辛普森公式

$$\int_a^b f(x)\mathrm{d}x = \frac{h}{3}(f_0 + f_M) + \frac{4h}{3}(f_1 + f_3 + f_5 + \cdots + f_{M-1}) + \cdots + \frac{2h}{3}(f_2 + f_4 + f_6 + \cdots + f_{M-2}) + R.$$

3. 高斯求积公式

$$\int_{-1}^1 f(x)\mathrm{d}x \approx f\left(-\frac{1}{\sqrt{3}}\right) + f\left(\frac{1}{\sqrt{3}}\right),$$

$$\int_{-1}^1 f(x)\mathrm{d}x \approx \frac{5}{9}f\left(-\sqrt{\frac{3}{5}}\right) + \frac{8}{9}f(0) + \frac{5}{9}f\left(\sqrt{\frac{3}{5}}\right).$$

在一般区间$[a, b]$上，先作变量替换

$$x=\frac{a+b}{2}+\frac{b-a}{2}t,$$

得到
$$\int_a^b f(x)\mathrm{d}x=\frac{b-a}{2}\int_{-1}^1 f\left(\frac{a+b}{2}+\frac{b-a}{2}t\right)\mathrm{d}t,$$

然后用高斯—勒让德求积公式来计算，得到

$$\int_a^b f(x)\mathrm{d}x\approx\frac{b-a}{2}\sum_{i=0}^n A_i f\left(\frac{a+b}{2}+\frac{b-a}{2}t_i\right).$$

6.5.3 实验内容

分别用下列方法计算积分$I=\int_1^8 \frac{1}{x}\mathrm{d}x$，并比较计算结果的精度(积分准确值$I=2.07944154\cdots$).

(1) 复合梯形法，$M=16$(即将积分区间划分为16小段).

(2) 复合抛物线法，$M=16$(即将积分区间划分为16小段).

(3) 龙贝格法，求至$\varepsilon=0.0005$.

(4) 三点高斯—勒让德公式.

6.5.4 实验仪器

计算机、MATLAB软件或Visual C++软件.

6.5.5 实验步骤和结果分析

按实验内容编写实验步骤，通过实验写出实验结果并进行分析，最后撰写实验报告.

6.5.6 收获与思考

读者完成.

第 7 章　数据库原理与方法

数据库原理与方法是面向教学与应用教学专业开设的一门基础课程，课程涉及的计算机知识面广，具有较强的综合性和技术性．数据库原理与方法实验是本课程的重要教学环节，能加深学生对数据库理论知识的理解，有助于掌握数据库系统理论，学会并掌握数据库设计的基本方法，DBMS 的使用以及数据库系统的管理和维护；同时培养学生 SQL 语言编程能力，提高学生的动手能力和分析、解决问题的能力，为以后在数据库管理系统平台上开发数据库应用系统打下扎实的基础．

7.1　数据库的建立和数据的备份与恢复

实验类型为验证设计性实验；实验学时为四学时．

7.1.1　实验目的

1. 掌握数据库软件的安装．
2. 掌握创建数据库、分离数据库的基本方法．
3. 掌握附加、删除数据库的基本方法．
4. 掌握使用企业管理器和 T－SQL 命令方式备份和恢复数据库的方法．

7.1.2　实验理论与方法

数据存放在数据库中，安装数据库软件是实现数据存储、操作的第一个步骤．在成功安装数据库软件之后，就可以在数据库软件上实现创建数据库、分离数据库的基本操作．

数据库恢复机制是数据库管理系统的重要组成部分，经常的备份可以有效防止数据丢失，使管理员能够把数据库从错误的状态恢复到已知的正确状态．要求掌握数据库文件备份，恢复、删除数据库的基本操作步骤．

7.1.3　实验内容

1. 安装数据库软件 SQL Server.
2. 创建数据库，分离和附加数据库、备份数据库文件．
3. 数据库备份与恢复．
4. 利用交互式和 T－SQL 删除数据库．

7.1.4　实验仪器

计算机、SQL Server 数据库开发平台．

7.1.5 实验步骤和结果分析

按实验内容编写实验步骤，通过实验写出实验结果并进行分析，最后撰写实验报告．

7.1.6 收获与思考

读者完成．

7.2 数据库表和数据的基本操作

实验类型为验证设计性实验；实验学时为四学时．

7.2.1 实验目的

1. 掌握创建、删除数据库表的方法和修改数据库表结构的方法．
2. 掌握各种录入数据至数据库表的方法．
3. 掌握修改、删除数据库表中数据的方法．
4. 掌握复制数据库表的方法．

7.2.2 实验理论与方法

数据库表是包含数据库中所有数据的数据库对象，创建数据库之后，即可创建数据库表以及其他对象．在创建数据库表之后，就可以录入数据到数据库表中，并且可以对数据库表中的数据进行查询、插入、修改、删除等更新操作．

7.2.3 实验内容

1. 交互式和T－SQL命令方法创建数据库表，掌握向数据库中录入数据的方法．
2. 交互式方法和T－SQL命令方法修改已有数据库表的结构、删除数据库表．
3. 采用交互式和T－SQL语句修改、删除、更新据库表中数据的方法．
4. 使用T－SQL复制数据库表中的部分数据和整个数据库表．

7.2.4 实验仪器

计算机、SQL Server数据库开发平台．

7.2.5 实验步骤和结果分析

按实验内容编写实验步骤，通过实验写出实验结果并进行分析，最后撰写实验报告．

7.2.6 收获与思考

读者完成．

7.3 完整性约束与视图

实验类型为验证设计性实验；实验学时为四学时．

7.3.1 实验目的

1. 认识完整性约束对数据库的重要性．

2. 掌握实体完整性、参照完整性、用户定义的完整性的创建、修改、维护．

3. 掌握交互式和使用SQL创建、删除、更新视图的方法．

7.3.2 实验理论与方法

数据库中的完整性是指数据的正确性、有效性和相容性．数据库系统提供了多种强制数据完整性的机制，以确保数据库中的数据质量．

视图是关系数据库系统中的重要机制．视图是从一个或几个基本表导出的表，它是一个虚表．用户通过视图能以多种角度观察数据．视图可以对数据提供一定程度的安全保护．

7.3.3 实验内容

1. 交互式创建PRIMARY KEY、UNIQUE、IDENTITY属性．

2. 交互式创建DEFAULT、CHECK约束．

3. 创建主表和子表，通过外键和主键实现参照完整性约束，修改、删除参照完整性约束的方法．

4. 使用SQL和交互式创建、修改、删除视图．

7.3.4 实验仪器

计算机、SQL Server数据库开发平台．

7.3.5 实验步骤和结果分析

按实验内容编写实验步骤，通过实验写出实验结果并进行分析，最后撰写实验报告．

7.3.6 收获与思考

读者完成．

7.4 数据查询与数据导入

实验类型为验证设计性实验；实验学时为四学时．

7.4.1 实验目的

1. 掌握从简单到复杂的各种数据的查询．

2. 掌握用条件表达式表示检索条件．

3. 掌握用聚合函数计算统计检索结果．

4. 掌握SQL Server导入导出数据的功能和操作方法．

7.4.2 实验理论与方法

数据查询是数据库的核心操作．SQL语言提供了SELECT语句进行数据库的查询，该语句具有灵活的使用方式和丰富的功能．

导入导出数据是数据库经常执行的基本任务．导入数据是从外部数据源中检索数据，并将数据插入到 SQL Server 表的过程．导出数据是将 SQL Server 实例中的数据析取为某些用户指定格式的过程．

7.4.3 实验内容

1. 对单表的指定列或全部列查询，对查询结果排序，使用聚集函数查询．
2. 多表的连接查询．
3. 嵌套查询．
4. 集合查询．
5. 使用向导导入导出数据．
6. 使用 bcp 实用程序导入导出数据．

7.4.4 实验仪器

计算机、SQL Server 数据库开发平台．

7.4.5 实验步骤和结果分析

按实验内容编写实验步骤，通过实验写出实验结果并进行分析，最后撰写实验报告．

7.4.6 收获与思考

读者完成．

第 8 章　运筹学与最优化方法

本课程的内容主要包括优化模型、线性规划、约束和无约束非线性规划、多目标规划、离散型优化问题等，本课程目的是掌握解决这些优化模型的算法并编程实现．本实验课程中的算法可采用 MATLAB 软件编程实现．

8.1　线性规划

实验类型为基础演示性实验；实验学时为四学时．

8.1.1　实验目的

掌握线性规划的求解，会用单纯形法法、大 M 法解线性规划，并能讨论线性规划的几种特殊情况．

8.1.2　实验理论与方法

1. 用单纯形法求解线性规划．
2. 用大 M 法求解线性规划．
3. 讨论线性规划的几种特殊情况．

8.1.3　实验内容

1. 用单纯形法求解线性规划：

$$\min z=-2x_1-3x_2$$

$$\text{s.t.}\begin{cases}-x_1+x_2\leqslant 2,\\ x_1+2x_2\leqslant 10,\\ 3x_1+x_2\leqslant 15,\\ x_1,\ x_2\geqslant 0.\end{cases}$$

2. 用大 M 法求解线性规划：

$$\min z=-3x_1+x_2+2x_3$$

$$\text{s.t.}\begin{cases}3x_1+2x_2-3x_3=6,\\ -x_1+2x_2-x_3=-4,\\ x_1,\ x_2,\ x_3\geqslant 0.\end{cases}$$

3. 求解下列线性规划，考虑其是哪一种特殊情况．

(1) $\max z=50x_1+40x_2$

$$\text{s.t.}\begin{cases}3x_1+5x_2\leqslant 150,\\ x_2\leqslant 20,\\ 8x_1+5x_2\leqslant 300,\text{（无解）}\\ x_1+x_2\geqslant 50,\\ x_1,\ x_2\geqslant 0.\end{cases}$$

(2) $\max z=20x_1+10x_2$

$$\text{s.t.}\begin{cases}x_1\geqslant 2,\\ x_2\leqslant 5,\qquad\text{（没有边界）}\\ x_1,\ x_2\geqslant 0.\end{cases}$$

(3) $\max z=30x_1+50x_2$

$$\text{s.t.}\begin{cases}3x_1+5x_2\leqslant 150,\\ x_2\leqslant 20,\\ 8x_1+5x_2\leqslant 300,\\ x_1,\ x_2\geqslant 0.\end{cases}\quad\text{（多个最优解）}$$

(4) $\max z=50x_1+40x_2$

$$\text{s.t.}\begin{cases}3x_1+5x_2\leqslant 175,\\ x_2\leqslant 20,\\ 8x_1+5x_2\leqslant 300,\\ x_1,\ x_2\geqslant 0.\end{cases}\quad\text{（退化）}$$

8.1.4 实验仪器

计算机、MATLAB 软件．

8.1.5 实验步骤和结果分析

按实验内容编写实验步骤，通过实验写出实验结果并进行分析，最后撰写实验报告．

8.1.6 收获与思考

读者完成．

8.2 无约束非线性规划

实验类型为基础演示性实验；实验学时为两学时．

8.2.1　实验目的

1. 掌握迭代算法的思想.
2. 掌握 0.618 法.
3. 掌握最速下降法、共轭梯度法和拟牛顿法.

8.2.2　实验理论与方法

1. 0.618 法.
2. 最速下降法.
3. 共轭梯度法.
4. 拟牛顿法.

8.2.3　实验内容

1. 用 0.618 法求解问题：$\min f(x)=2x^2-x-1$，初始区间为

$$[a_1, b_1]=[-1, 1], \varepsilon=0.16$$

2. 用最速下降法、共轭梯度法和拟牛顿法分别求解下面的问题：

$$\min f(x_1, x_2)=x_1^2+4x_2^2，取(x_1^{(0)}, x_2^{(0)})=(1, 1).$$

8.2.4　实验仪器

计算机、MATLAB 软件.

8.2.5　实验步骤和结果分析

按实验内容编写实验步骤，通过实验写出实验结果并进行分析，最后撰写实验报告.

8.2.6　收获与思考

读者完成.

8.3　约束非线性规划

实验类型为基础演示性实验；实验学时为四学时.

8.3.1　实验目的

1. 掌握 Lemke 算法.
2. 掌握 Zoutendijk 可行方向法.
3. 掌握外点法和内点法.

8.3.2　实验理论与方法

1. Lemke 算法.
2. Zoutendijk 可行方向法.
3. 外点法.
4. 内点法.

8.3.3　实验内容

1. 用 Lemke 算法求解二次规划：

$$\min f(x_1, x_2)=\frac{1}{2}x_1^2+\frac{1}{2}x_2^2-x_1-2x_2$$

$$\text{s. t.}\begin{cases}2x_1+3x_2\leqslant 6,\\ x_1+4x_2\leqslant 5,\\ x_1, x_2\geqslant 0.\end{cases}$$

2. 用 Zoutendijk 可行方向法求解下面的问题：

$$\min f(x_1, x_2)=x_1^2+4x_2^2$$

$$\text{s. t.}\begin{cases}x_1+x_2\geqslant 1,\\ 15x_1+10x_2\geqslant 12,\\ x_1, x_2\geqslant 0.\end{cases}$$

3. 用外点法求解下面的问题：

$$\min(x_1-1)^2+x_2^2$$

$$\text{s. t. } x_2\geqslant 1.$$

4. 用内点法求解下面的问题：

$$\min\frac{1}{12}(x_1+1)^2+x_2$$

$$\text{s. t.}\begin{cases}x_1\geqslant 1,\\ x_2\geqslant 0.\end{cases}$$

8.3.4 实验仪器

计算机、MATLAB 软件 .

8.3.5 实验步骤和结果分析

按实验内容编写实验步骤，通过实验写出实验结果并进行分析，最后撰写实验报告 .

8.3.6 收获与思考

读者完成 .

8.4 离散型优化问题

实验类型为基础演示性实验；实验学时为两学时 .

8.4.1 实验目的

1. 掌握离散型优化问题的处理思想 .

2. 掌握分枝定界法 .

3. 掌握隐枚举法 .

8.4.2 实验理论与方法

1. 分枝定界法 .

2. 隐枚举法 .

8.4.3　实验内容

1. 用分枝定界法求解下面的整数规划问题：

$$\min z = x_1 + 4x_2$$

$$\text{s.t.}\begin{cases} 2x_1 + x_2 \leqslant 8, \\ x_1 + 2x_2 \geqslant 6, \\ x_1,\ x_2 \geqslant 0 \text{ 且为整数}. \end{cases}$$

2. 求解下面的 0—1 型规划问题：

$$\max z = 3x_1 - 2x_2 + 5x_3$$

$$\text{s.t.}\begin{cases} x_1 + 2x_2 - x_3 \leqslant 2, \\ x_1 + 4x_2 + x_3 \leqslant 4, \\ x_1 + x_2 \leqslant 3, \\ 4x_1 + x_3 \leqslant 6, \\ x_1,\ x_2,\ x_3 \text{ 为 } 0 \text{ 或 } 1. \end{cases}$$

（1）用枚举法；（2）用隐枚举法；（3）用改进的隐枚举法．

8.4.4　实验仪器

计算机、MATLAB 软件．

8.4.5　实验步骤和结果分析

按实验内容编写实验步骤，通过实验写出实验结果并进行分析，最后撰写实验报告．

8.4.6　收获与思考

读者完成．

8.5　乘子法

实验类型为验证设计性实验；实验学时为四学时．

8.5.1　实验目的

1. 掌握惩罚函数法的基本思想．
2. 掌握乘子法．
3. 掌握比较各算法的优劣．

8.5.2　实验理论与方法

1. 乘子法．
2. 算法优劣分析．

8.5.3　实验内容

求解下面的问题：

$$\min \frac{1}{2}x_1^2 + \frac{1}{6}x_2^2$$

$$\text{s. t. } x_1+x_2=1.$$

(1) 用惩罚函数法；(2) 用乘子法.

8.5.4 实验仪器

计算机、MATLAB 软件.

8.5.5 实验步骤和结果分析

按实验内容编写实验步骤，通过实验写出实验结果并进行分析，最后撰写实验报告.

8.5.6 收获与思考

读者完成.

8.5.7 思考题

分析两种算法的优劣.

第 9 章　宏观经济学

宏观经济学实验是一门宏观经济学理论应用于经济现象分析的实验课程．以学生为本，以素质教育为宗旨，以改革和创新实验教学体系为主线，通过宏观经济学实验教学，使学生巩固已学到经济学的理论知识，培养以实证分析为主的经济思维方式，提高学生解决和分析包括经济增长、失业、通货膨胀、财政政策、货币政策等宏观经济问题的综合能力．

9.1　GDP 核算

实验类型为验证设计性实验；实验学时为四学时．

9.1.1　实验目的

1. 掌握 GDP 的核算范畴．
2. 熟悉国民收入核算的两个方法．
3. 了解收集 GDP 数据的渠道．
4. 了解主要几个国家的 GDP 变化情况．

9.1.2　实验理论与方法

1. 国内生产总值(GDP)被定义为经济社会在一定时期内运用生产要素所生产的全部最终产品的市场价值．

2. 用支出法核算 GDP，就是通过核算在一定时期内整个社会购买最终产品的总支出来计量 GDP，包括居民消费、企业投资、政府购买及出口这四方面的支出．

3. 用收入法核算 GDP，就是用要素收入即企业成本核算 GDP，用收入法核算 GDP，除了要包括工资、利息和租金这些要素的报酬，还要包括非企业主收入、公司税前利润、间接税、资本折旧．

9.1.3　实验内容

1. 翻阅统计年鉴收集我国相关宏观经济数据．
2. 浏览国家统计局、广东省统计局网站，下载收集相关经济数据．
3. 通过资料收集和信息查阅，总结 GDP 核算的范畴和两种方法．
4. 作图分析国内外主要国家的 GDP 变化排名，我国主要省市 GDP 变化排名．
5. 完成我国近年来 GDP 增长和结构的分析报告．

9.1.4 实验仪器

计算机.

9.1.5 实验步骤和结果分析

按实验内容编写实验步骤，通过实验写出实验结果并进行分析，最后撰写实验报告.

9.1.6 收获与思考

读者完成.

9.1.7 思考题

尝试选择有代表性的国家完成其GDP分析报告.

9.2 货币创造

实验类型为验证设计性实验；实验学时为四学时.

9.2.1 实验目的

1. 掌握M_0，M_1，M_2货币供给量的核算.

2. 了解货币供给和货币政策变化.

3. 了解货币创造的机制.

9.2.2 实验理论与方法

1. 商业银行和中央银行

现代西方的银行体系主要是由中央银行、商业银行和其他金融机构所组成.商业银行和中央银行分别有它们不同的性质和任务.

2. 存款创造和货币供给

货币供给量=(处于银行制度之外的)硬币+纸币+存款.其中存款占有决定性比重.狭义的货币供给(M_1)指硬币、纸币和活期存款的总和，其中活期存款占最大比重.

3. 货币政策工具

(1) 贴现率政策.贴现率是中央银行对商业银行贷款时所收取的利率.它的提高会阻挠商业银行借款，从而有助于减少银行准备金；它的降低会促进商业银行借款，从而有助于增加银行准备金.

(2) 公开市场业务.当中央银行在公开市场上购买政府债券时，商业银行和其他存款机构的准备金就增加，引起货币供给按乘数增加并进而降低利率；当中央银行卖出债券时情况则相反.这一业务是中央银行控制货币供给最主要的手段.

(3) 改变法定准备率.中央银行降低法定准备率，货币供给就增加，反之亦是.这一办法的效果较猛烈，经常改变法定准备率会使银行正常信贷业务受到干扰而感到无所适从，因此一般很少使用.

9.2.3　实验内容

1. 通过收集反映货币供应的宏观经济数据，分析中国信贷、债务总量、货币总量等经济量的变化．

2. 通过收集宏观经济数据，分析我国改革开放以来货币供给量和货币政策的变化．

3. 通过浏览中央银行和商业银行网站，了解它们各自的职能，并总结现代银行体系下货币创造的过程．

4. 通过浏览中央银行等财经网站，尝试举例了解中央银行增加货币供给量的三种途径．

9.2.4　实验仪器

计算机．

9.2.5　实验步骤和结果分析

按实验内容编写实验步骤，通过实验写出实验结果并进行分析，最后撰写实验报告．

9.2.6　收获与思考

读者完成．

9.2.7　思考题

1. 尝试了解美元、欧元、日元、港币等近年来货币供给变化和其政府的货币政策．

2. 尝试了解美国、欧盟、中国香港等中央银行发展情况．

9.3　货币政策和财政政策分析

实验类型为验证设计性实验；实验学时为四学时．

9.3.1　实验目的

1. 理解货币政策如何影响 LM 曲线和总需求曲线．

2. 理解财政政策如何影响 IS 曲线和总需求曲线．

3. 了解我国近十年的财政政策和货币政策的实施与效果．

4. 掌握财政政策和货币政策效果的理论依据——IS－LM 模型．

9.3.2　实验理论与方法

1. IS 曲线

当投资作为利率的减函数即 $i=e-dr$ 时，则均衡收入决定公式变为

$$y=\frac{\alpha+e-dr}{1-\beta} \text{或} r=\frac{\alpha+e}{d}-\frac{1-\beta}{d}y.$$

该式表明，均衡收入与利率之间存在反向变动关系．若画一个坐标图形，则可得到一条反映利率和收入之间相互关系的曲线，这条曲线上任何一点都代

表一定的利率和收入的组合，在此组合下，投资和储蓄都相等，从而产品市场上供求达到了均衡，因此这条曲线称为IS曲线.

2. LM曲线

LM方程可表示为满足货币市场均衡条件下y与r的关系.这一关系的图形被称为LM曲线.该曲线的代数表达式为

$$y=\frac{h}{k}r+\frac{m}{k}\text{或}r=\frac{k}{h}y-\frac{m}{h}.$$

3. IS-LM模型

在IS和LM曲线的交点可以找到满足产品市场和货币市场同时均衡的y与r的值，也就是通过求解IS和LM的联立方程式所取得的y与r的值.

4. 财政政策和货币政策的影响

但如果充分就业的国民收入是y^*.在这种情况下，国家用增加政府购买g和降低税收t的财政政策或用增加M的货币政策进行调节.扩张的财政政策就是使IS向右上移动，扩张的货币政策就是使LM向右下方移动，使它交于的垂直线$E=y^*$，以实现充分就业.

9.3.3 实验内容

1. 通过资料收集完成我国的近十年货币政策目标，实施与效果分析报告.
2. 通过资料收集完成我国的近十年财政政策目标，实施与效果分析报告.
3. 运用混合政策稳定经济的四种情况分析.
4. 进行财政政策和货币政策的效果大小以及极端情况分析.

9.3.4 实验仪器

计算机.

9.3.5 实验步骤和结果分析

按实验内容编写实验步骤，通过实验写出实验结果并进行分析，最后撰写实验报告.

9.3.6 收获与思考

读者完成.

9.3.7 思考题

对比我国和美国金融危机以来的财政政策和货币政策的实施和效果.

9.4 总需求与总供给理论

实验类型为验证设计性实验；实验学时为四学时.

9.4.1 实验目的

1. 掌握古典、凯恩斯、常规供给曲线.

2. 理解新古典 AD－AS 模型及其背景．

3. 理解新凯恩斯主义 AD－AS 模型及其背景．

9.4.2 实验理论与方法

1. 总需求

总需求函数是产品市场和货币市场同时达到均衡时的一般价格水平 P 与国民收入 y 之间的依存关系．总需求函数可以表示为：$y=f(P)$．在其他条件不变的情况下，当一般价格水平 P 提高时，均衡国民收入 y 就减少；当一般价格水平 P 下降时，均衡国民收入 y 就增加，二者的变动方向相反．

2. 总供给

根据总生产函数的性质和劳动市场的均衡可以将总供给函数分成三个区间：

第一区间，$0<N<N_1$，$0<y<y_1$，在这一区间，劳动的边际生产率 MP 为一常数，实际工资率也为常数．在货币工资率一定的条件下，价格总水平不变，总供给曲线呈现为水平线段，该段曲线也被称为凯恩斯萧条模型的总供给曲线．凯恩斯的这种理论以西方国家 1929—1933 年的大萧条时期为背景，基本反映了当时西方社会经济的状况，故这一区间又被称为凯恩斯区间．

第二区间，$N_1<N<N_f$，$y_1<y<y_f$，在这一区间，国民产品(收入)与价格总水平成正向相关，在图形上表现为向右上方倾斜的曲线，它表明价格总水平上升将导致国民产品(收入)增加，价格总水平下降会导致国民产品(收入)减少．这是因为在货币工资率一定的条件下，价格总水平上升，实际工资率下降，劳动需求量增加，从而使国民产品(收入)增加．这一区间又被称为中间区间，同时也被视为总供给曲线的正常状态．

第三区间，$N=N_f$，$y=y_f$，在这一区间，由于就业量不能超过 N_f，所以价格总水平的上升不会增加劳动市场的就业量，因此也不能增加国民产品(收入)，也就是说总供给不能超过 y_f 的水平，总供给曲线变为在 y_f 的水平上垂直于横轴的直线．这一区间被称为古典区间．

将上述三段线连接起来，便构成了总供给曲线 AS.

3. 总需求与总供给均衡

总需求与总供给的均衡是产品市场、货币市场和劳动市场的共同均衡，由此可以说明价格水平和国民收入水平的决定．把总需求曲线和总供给曲线结合起来，就可以构成总需求与总供给模型，即 AD－AS 模型．AD 曲线是由总需求函数决定的总需求曲线，AS 曲线是由总供给函数决定的总供给曲线，AD 与 AS 的交点 E 为均衡点，y_e 为均衡国民收入，P_e 为均衡价格总水平．

9.4.3 实验内容

1. 通过列举实例运用 AD－AS 模型对现实经济的解释与分析．

2. 通过列举实例运用新古典 AD－AS 模型对现实经济的解释与分析．

3. 通过列举实例运用新凯恩斯主义 AD－AS 模型对现实经济的解释与分析．

9.4.4 实验仪器

计算机．

9.4.5 实验步骤和结果分析

按实验内容编写实验步骤，通过实验写出实验结果并进行分析，最后撰写实验报告．

9.4.6 收获与思考

读者完成．

9.4.7 思考题

尝试了解宏观经济理论的古典学派、凯恩斯学派、货币学派、新古典综合学派的主张和政策区别．

9.5 通货膨胀

实验类型为验证设计性实验；实验学时为四学时．

9.5.1 实验目的

1. 理解通货膨胀的经济原因．

2. 掌握通货膨胀的经济效应．

9.5.2 实验理论与方法

1. 通货膨胀的种类

通货膨胀是指一般价格水平的和显著上涨．通货膨胀的程度通常用通货膨胀率来衡量．通货膨胀率被定义为从一个时期到另一个时期的一般价格水平变动的百分比．

2. 通货膨胀的起因

关于通货膨胀的原因主要有：需求拉动通货膨胀理论、成本推动通货膨胀理论和结构性通货膨胀理论等．

3. 通货膨胀的影响

通货膨胀在经济上的影响有两方面，即对产量、就业量的影响和对收入分配的影响．通货膨胀在这两方面的影响取决于通货膨胀的类型．平衡的和预期到的通货膨胀对财富的分配以及对产量和就业都没有影响；非平衡和非预期到的通货膨胀虽然在一定程度上避免了财富和收入分配的影响，但会影响就业和产量；非平衡的和预期不到的通货膨胀既影响财富和收入分配，也影响产量和就业．上述通货膨胀的影响的大小，取决于物价上涨的程度．随着物价以温和的、奔腾式的和超级的速度上升，通货膨胀在经济上的影响越来越大．

9.5.3　实验内容

1．通过国家统计局网站收集我国改革开放以来经济数据，从而分析我国通货膨胀的情况．

2．结合我国货币政策，尝试分析通货膨胀时期货币政策与物价的关系．

3．通过列举案例说明通货膨胀的原因以及经济效用分析．

4．尝试结合财政政策和货币政策实施效果探讨通货膨胀治理的政策．

9.5.4　实验仪器

计算机．

9.5.5　实验步骤和结果分析

按实验内容编写实验步骤，通过实验写出实验结果并进行分析，最后撰写实验报告．

9.5.6　收获与思考

读者完成．

9.5.7　思考题

通过资料收集，尝试分析美国通货膨胀变化与治理通货膨胀政策的实施效果．

9.6　失业与GDP变化分析

实验类型为验证设计性实验；实验学时为四学时．

9.6.1　实验目的

1．了解失业率的衡量标准．

2．理解失业的经济原因与效应．

3．理解通货膨胀与失业的关系．

9.6.2　实验理论与方法

1．失业的含义

失业者指的是在一定年龄范围内，愿意工作却没有工作，并正在寻找工作的劳动者．充分就业并非人人都有工作，充分就业时仍然存在一定的失业，即自然失业的存在．充分就业是指除摩擦性失业和自愿失业之外，在一定年龄范围内，所有想就业者都已就业．

2．古典学派的失业理论

古典学派认为，经济会自动实现充分就业，萨伊定律："供给能够自行创造需求"．

3．剑桥学派的失业理论

主要代表人物为马歇尔和庇古．他们也信奉"萨伊定律"，但是马歇尔认为，普遍失业和经济波动是信贷市场混乱造成的暂时不均衡的后果．庇古认为失业是工资阶级(工资收入者)的失业，导致失业现象的原因完全是由于工资率与需求之间的关系失调而引起的．

4. 凯恩斯的失业理论

凯恩斯否定了萨伊定律，认为就业是取决于总供给函数、消费倾向和投资量，消费需求和投资需求的不足造成了总需求的不足，从而引起了非自愿失业．

5. 奥肯定律(Okun 's Law)

美国经济学家奥肯在20世纪60年代发现失业率与实际国民生产总值之间有一种替代关系，这也被称之为奥肯定律．奥肯定律表明：失业率每高于自然失业率1%，实际国民生产总值便低于潜在国民生产总值3%．它表明了与实际国民生产总值之间是反方向变动的关系，并且该定律主要适用于没有实现充分就业的情况．

6. 菲利普斯曲线是西方经济学家用来描述失业率与货币的变动率之间关系的曲线．1958年，当时在英国伦敦经济学院工作的新西兰经济学家菲利普斯通过整理1861—1957年近一个世纪的统计资料，发现货币工资增长率与失业率之间存在一种负相关关系，这种关系可用曲线形式表现出来．在一个坐标图形上，如横轴表示失业率，纵轴表示货币工资变动率，则货币工资变动率与失业率之间关系大体上可呈现为一条负向斜率的曲线．

9.6.3 实验内容

1. 通过国家统计局网站进行我国失业率数据的收集与分析．

2. 通过收集资料进行我国近年来失业政策的分析．

3. 应用案例说明失业与GDP增长变化的关系，并分析我国的奥肯定律不成立的原因．

4. 应用案例说明失业与通货膨胀短期难以取舍的菲利普斯曲线关系．

9.6.4 实验仪器

计算机．

9.6.5 实验步骤和结果分析

按实验内容编写实验步骤，通过实验写出实验结果并进行分析，最后撰写实验报告．

9.6.6 收获与思考

读者完成．

9.6.7 思考题

通过资料收集尝试进行美国近年来失业率变化的分析．

9.7　国际贸易

实验类型为验证设计性实验；实验学时为四学时．

9.7.1　实验目的

1. 理解开放经济的宏观经济学主要理论与模型．

2. 国际贸易利弊分析．

9.7.2　实验理论与方法

1. 对外经济政策概述

对外经济政策是一国政府对涉外经济活动所制定的规则和措施．它可由对外贸易政策、利用外资政策和汇率制度、汇率政策组成．

对外贸易政策是一国在一定时期内对进出口贸易所实行的政策，可以分为自由贸易政策和保护贸易政策．自由贸易政策是指国家对商务活动一般不进行干预，允许商务自由进行，在国内外市场自由竞争．保护贸易政策是指国家利用关税及其他非关税手段限制外国商品的进口，利用补贴以及其他非补贴手段鼓励本国商品出口为基本内容的贸易政策．

利用外资政策是指国家政府为了更好地发挥对外贸易在宏观经济总量平衡中的作用，而在利用外资范围内所制定的各项政策措施的总称．其主要方式有：合资经营、合作经营、合作开发、补偿贸易等．

使用不同汇率制度和汇率政策，可以达到不同的国际收支水平和国民收入水平．汇率指本国货币与外国货币的交换比率，也就是买卖外汇的价格，其汇率制度大体可以分为固定汇率制度和浮动汇率制度．

2. IS－LM－BP 模型

国际收支均衡指一国的自主性交易差额为零，在 IS－LM 模型中，分析考虑的是产品市场和货币市场的同时均衡．在开放经济中，要实现经济整体的全面均衡，必须使产品市场、货币市场和国际收支同时实现均衡，于是，就得到 IS－LM－BP 模型，如图 9.1 所示：

在 IS－LM－BP 模型中，IS 曲线上任何一点都实现了产品市场的均衡，LM 曲线上任何一点都实现了货币市场的均衡，BP 曲线上任何一点都实现了国际收支均衡．IS、LM 和 BP 三条曲线相交于 E 点，则 E 点表示的国民收入与利率的组合能同时实现产品市场、货币市场以及国际收支的均衡，此时的均衡利率是 r_e，均衡国民收入为 Y_e.

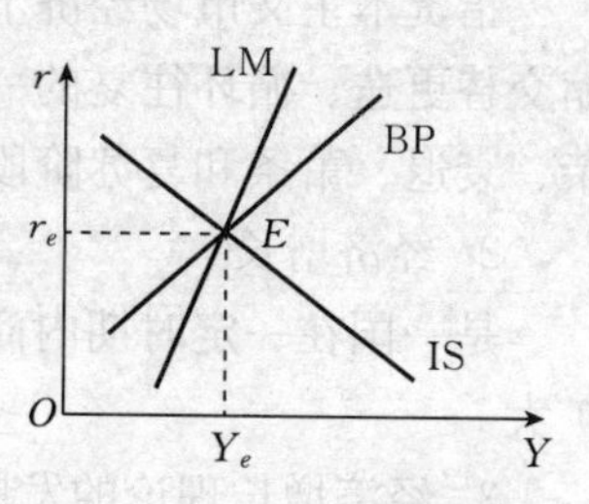

图 9.1　IS－LM－BP 模型

3. 内部均衡与外部均衡

在现实的经济生活中，产品、货币及国际收支三个市场经常不能同时达到均衡．通常，把国际收支均衡称为外部均衡，把国内经济处于充分就业和物价稳定的状态称为内部均衡．在强调利用财政政策和货币政策来调控宏观经济均衡时，货币政策对外的影响要强于对内的影响，财政政策对内的影响要大于对外的影响．而且，当出现内部和外部同时不均衡时，主要任务应是利用宏观经济政策优先解决内部均衡问题．

9.7.3 实验内容

1. 人民币汇率走势与购买力平价分析．
2. 通过资料收集进行我国近年来汇率政策和贸易政策案例分析．
3. 中国内地和中国香港资本流动案例分析．

9.7.4 实验仪器

计算机．

9.7.5 实验步骤和结果分析

按实验内容编写实验步骤，通过实验写出实验结果并进行分析，最后撰写实验报告．

9.7.6 收获与思考

读者完成．

9.7.7 思考题

通过资料收集进行近年来美国的汇率政策和贸易政策的分析．

9.8 经济增长与经济周期

实验类型为验证设计性实验；实验学时为四学时．

9.8.1 实验目的

1. 理解经济增长主要理论．
2. 理解经济周期理论．

9.8.2 实验理论与方法

1. 经济周期

指资本主义市场经济生产和再生产过程中周期性出现的经济扩张与经济紧缩交替更迭、循环往复的一种现象．每一个经济周期分成 4 个阶段：经济繁荣、衰退、萧条和复苏阶段．

2. 经济增长

是一国在一定时期内商品和劳务总供给量的增加，也就是社会经济规模的扩大．

3. 经济增长理论的发展

第一阶段：20 世纪 50～60 年代，高速增长理论．认为经济的高速增长不仅是一国实现充分就业的保证，也是保持其国际地位的先决条件．

第二阶段：20世纪60年代末至70年代，零经济增长理论．由于第二次世界大战后的高速经济增长，带来了一系列负面经济效应，认为长期的经济增长必定带来世界经济的崩溃．

第三阶段：20世纪80年代后期，新经济增长理论，认为技术进步是经济增长的核心．

9.8.3　实验内容

1. 通过收集数据完成世界各国的经济增长数据分析报告．
2. 通过列举实例说明经济增长与公共政策的关系．
3. 通过列举实例说明经济增长与经济周期理论．

9.8.4　实验仪器

计算机．

9.8.5　实验步骤和结果分析

按实验内容编写实验步骤，通过实验写出实验结果并进行分析，最后撰写实验报告．

9.8.6　收获与思考

读者完成．

第10章　金融学概论

金融学从分析金融学运作对象——货币、货币资金、金融工具、金融资产入手，阐述货币时间价值原理，介绍金融机构体系和金融市场体系的具体类型及业务，说明其在现代经济中的重要性，研究货币政策及作为其依据的货币理论等．通过本课程的学习，使学生了解金融学的基本概念和基础知识，熟悉金融学原理体系、分析框架及思维方式从而为以后的专业课学习打下扎实的基础.

10.1　货币概念及相关知识

实验类型为建模探究性实验；实验学时为四学时．

10.1.1　题目及叙述

2014年9月末，广义货币(M_2)余额120.21万亿元，同比增长12.9%，市场预期为12.8%，增速比上月末高0.1个百分点，比去年末低0.7个百分点；狭义货币(M_1)余额32.72万亿元，同比增长4.8%，增速分别比上月末和去年末低0.9个和4.5个百分点；流通中货币(M_0)余额5.88万亿元，同比增长4.2%. 前三季度净投放现金274亿元．

2014年9月份，全国居民消费价格总水平同比上涨1.6%. 其中，城市上涨1.7%，农村上涨1.4%；食品价格上涨2.3%，非食品价格上涨1.3%；消费品价格上涨1.4%，服务价格上涨2.3%. 1～9月平均下来，全国居民消费价格总水平比去年同期上涨2.1%.

针对以上数据讨论下面的问题：

(1) 流动性是什么？它对经济有什么影响？

(2) 人民银行对流动性的控制是强还是弱？为什么？

(3) 人民银行控制流动性时应注意些什么？其他金融机构又应如何配合？

10.1.2　前言

货币作为金融学三大支柱之一，具有极其重要的地位，通过本章内容学习，掌握货币的相关知识．

10.1.3　实验理论与方法

参看朱新蓉《货币金融学》教材第一章，理解货币的概念及其相关知识，结合实际回答本实验的问题．

10.1.4　实验仪器

计算机、网上参考资料．

10.1.5　实验步骤和结果分析

按实验内容编写实验步骤，通过实验写出实验结果并进行分析，最后撰写实验报告．

10.1.6　收获与思考

读者完成．

10.2　利率、汇率及相关知识

实验类型为建模探究性实验；实验学时为四学时．

10.2.1　题目及叙述

1. 2009 年 3 月 25 日，中国财政部公募发行了 2009 年第一期 5 年期的凭证式国债，面额为 100 元，票面利率为 4%，每年按票面利率支付一次利息．某投资者购买并获得第一年利息后欲将其卖出，如果此时商业银行 1 年期存款利率仍为 2.5%，试以存款利率为贴现率计算该国债的市场转让价格．

2. 欧元是欧盟一体化进程的重大成果，欧元使欧洲单一市场得以完善，欧元区国家间自由贸易更加方便．作为历史上首个区域共同货币，欧元自诞生之日起就直接冲击美元的主要国际货币地位，挑战美国在国际政治、经济和金融舞台上的核心地位．随着 2009 年新年钟声的敲响，欧洲统一货币欧元迎来 10 周岁生日，欧元兑美元汇率越来越成为国际金融学术界和实务界关注的热点．极富戏剧性的现象是，近 10 年里欧元兑美元汇率走出了一个明显的“V”字形．试分析：

（1）欧元兑美元汇率走出“V”字形的原因．

（2）欧元兑美元汇率的未来趋势及对人民币汇价的影响．

10.2.2　前言

利率、汇率作为金融学当中的两个重要变量，对国内金融和国际金融有着举足轻重的影响，对实际问题的分析也十分重要，因此必须牢牢把握．

10.2.3　实验理论与方法

参看朱新蓉《货币金融学》教材第三、四章，理解利率、汇率的概念及其相关知识，结合实际回答本实验的问题．

10.2.4　实验仪器

计算机、网上参考资料．

10.2.5　实验步骤和结果分析

按实验内容编写实验步骤，通过实验写出实验结果并进行分析，最后撰写实验报告．

10.2.6 收获与思考

读者完成.

10.3 金融市场及金融机构

实验类型为建模探究性实验；实验学时为四学时.

10.3.1 题目及叙述

美国次贷危机(Subprime Crisis)又称次级房贷危机，也译为次债危机.它是指一场发生在美国，因次级抵押贷款机构破产、投资基金被迫关闭、股市剧烈震荡引起的金融风暴.它致使全球主要金融市场出现流动性不足危机.美国“次贷危机”是从2006年春季开始逐步显现的.2007年8月开始席卷美国、欧盟和日本等世界主要金融市场.次贷危机目前已经成为国际上的一个热点问题.

请结合案例，查阅相关文献和资料，思考并回答：

(1) 美国是全球金融创新的策源地和领军者，其金融体系曾被视为全球金融体系的典范.金融体系的核心功能和金融创新的初始动机之一是配置和风险管理，为何美国的金融创新触发并放大了金融风险，加剧了金融体系的系统性风险?

(2) 金融史的研究表明，金融危机、经济危机对金融体系的变化有重大影响.请举例说明，并结合次贷危机发生后美国的对应举措，观察并分析美国金融体系的变化.

10.3.2 前言

金融市场是货币、信用、金融机构赖以生存的空间，是一国金融体系的概称，其发达程度和风险管控能力极其考验一个国家的管理能力.通过对美国次贷危机的讨论，借以警示中国的金融市场.

10.3.3 实验理论与方法

参看朱新蓉《货币金融学》教材第五、六章，理解金融市场、金融机构的概念及其相关知识，结合实际回答本实验的问题.

10.3.4 实验仪器

计算机、网上参考资料.

10.3.5 实验步骤和结果分析

按实验内容编写实验步骤，通过实验写出实验结果并进行分析，最后撰写实验报告.

10.3.6 收获与思考

读者完成.

10.4　货币市场及资本市场

实验类型为建模探究性实验；实验学时为四学时．

10.4.1　题目及叙述

中国最大的电商企业阿里巴巴，由于此前在中国香港上市遇阻，将会考虑转战美国纽约．知情人士透露，如果阿里巴巴创始人马云及其团队需要继续保持对公司的控制，离开香港、转投纽约乃是毫无疑问的．马云以及其他的公司高管，目前虽只掌握了公司不到10%的股份，但是，出于控制公司决策导向、捍卫公司文化的目的，阿里巴巴可能会采取谷歌等大部分美国科技公司所采取的双类股发行策略．尽管阿里巴巴为香港上市耗费数月，但由于香港上市规则明确规定，禁止双类股，阿里巴巴要在香港上市，可谓是困难重重．香港禁止双类股发行策略的初衷，意在确保上市公司对所有股东一视同仁，而非让少数公司高管拥有更多的股权．尽管经过重重谈判，香港方面仍不愿做出任何妥协. 而阿里巴巴公司创始人马云以及其团队，则同样不愿将公司的决策权交予股东大会．谈判陷入僵局之后，急于上市的马云团队，不得不考虑放弃香港，转投纽约．北京时间 9 月 22 日早间消息，据美国《华尔街日报》报道，消息人士透露，阿里巴巴集团首次公开募股(IPO)的承销商们行使了超额配售权，使之正式以融资额 250 亿美元的规模成为有史以来最大的 IPO.

请结合案例考虑以下问题：

（1）为什么阿里巴巴选择在美国上市，而不是在中国或者中国香港上市？

（2）从阿里巴巴在美国上市，我们可以得到哪些启示？

10.4.2　前言

资本市场是期限在一年以上各种资金借贷和证券交易的场所，历来是各企业融资的最重要的平台，通过对课本的学习和案例的分析，了解资本的本质．

10.4.3　实验理论与方法

参看朱新蓉《货币金融学》教材第十、十一章，理解货币市场、资本市场的概念及其相关知识，结合实际回答本实验的问题．

10.4.4　实验仪器

计算机、网上参考资料．

10.4.5　实验步骤和结果分析

按实验内容编写实验步骤，通过实验写出实验结果并进行分析，最后撰写实验报告．

10.4.6　收获与思考

读者完成．

第 11 章　计量经济学

计量经济学是一门实践性很强的课程，本章的实验主要介绍应用 EViews 软件实现常规的计量经济问题分析，主要包括线性回归模型的估计、联立方程组的识别和估计、二元离散选择模型和时间序列模型平稳性 ADF 单位根检验及估计方法．目的在于通过实际数据分析，达到理论应用于实践的目的．

11.1　多元线性回归的估计

实验类型为建模探究性实验；实验学时为四学时．

11.1.1　题目及叙述

表 11.1 是 1994—2013 年的统计数据：

表 11.1　1994—2013 年中国旅游收入及相关数据

年　份	国内游客(百万人次)			旅游总花费(亿元)			人均花费(元)			铁路营业里程(万千米)	公路里程(万千米)
		城镇居民	农村居民		城镇居民	农村居民		城镇居民	农村居民		
1994	524	205	319	1023.5	848.2	175.3	195.3	414.7	54.9	5.90	111.78
1995	629	246	383	1375.7	1140.1	235.6	218.7	464.0	61.5	6.24	115.70
1996	640	256	383	1638.4	1368.4	270.0	256.2	534.1	70.5	6.49	118.58
1997	644	259	385	2112.7	1551.8	560.9	328.1	599.8	145.7	6.60	122.64
1998	695	250	445	2391.2	1515.1	876.1	345.0	607.0	197.0	6.64	127.85
1999	719	284	435	2831.9	1748.2	1083.7	394.0	614.8	249.5	6.74	135.17
2000	744	329	415	3175.5	2235.3	940.3	426.6	678.6	226.6	6.87	167.98
2001	784	375	409	3522.4	2651.7	870.7	449.5	708.3	212.7	7.01	169.80
2002	878	385	493	3878.4	2848.1	1030.3	441.8	739.7	209.1	7.19	176.52
2003	870	351	519	3442.3	2404.1	1038.2	395.7	684.9	200.0	7.30	180.98
2004	1102	459	643	4710.7	3359.0	1351.7	427.5	731.8	210.2	7.44	187.07
2005	1212	496	716	5285.9	3656.1	1629.7	436.1	737.1	227.6	7.54	334.52
2006	1394	576	818	6229.7	4414.7	1815.0	446.9	766.4	221.9	7.71	345.70
2007	1610	612	998	7770.6	5550.4	2220.2	482.6	906.9	222.5	7.80	358.37
2008	1712	703	1009	8749.3	5971.7	2777.6	511.0	849.4	275.3	7.97	373.02
2009	1902	903	999	10183.7	7233.8	2949.9	535.4	801.1	295.3	8.55	386.08

（续）

年　份	国内游客(百万人次)			旅游总花费(亿元)			人均花费(元)			铁路营业里程(万千米)	公路里程(万千米)
		城镇居民	农村居民		城镇居民	农村居民		城镇居民	农村居民		
2010	2103	1065	1038	12579.8	9403.8	3176.0	598.2	883.0	306.0	9.12	400.82
2011	2641	1687	954	19305.4	14808.6	4496.8	731.0	877.8	471.4	9.32	410.64
2012	2957	1933	1024	22706.2	17678.0	5028.2	767.9	914.5	491.0	9.76	423.75
2013	3262	2186	1076	26276.1	20692.6	5583.5	805.5	946.6	518.9	10.31	435.62

数据来源：《中国统计年鉴 2014》

要求，以手工或运用 Eviews 软件：

（1）作出散点图，建立国内旅游收入随国内旅游人数、城镇居民人均旅游支出、农村居民人均旅游支出、公路里程和铁路里程变化的多元线性回归方程，并解释斜率的经济意义．

（2）对所建立的回归方程进行检验．

11.1.2　前言

回归分析是用来分析两个及两个以上变量相互作用的重要建模方法，在数据分析中有着重要的应用，其中简单线性方程回归是计量经济学中广泛使用的统计技术．

含有 k 个解释变量的多元线性回归模型可以写为

$$y_t = \beta_0 + \beta_1 x_{1t} + \beta_2 x_{2t} + \cdots + \beta_k x_{kt} + \varepsilon_t, \qquad (1.1)$$

把常数项 β_0 看作是样本观测值始终取 1 的虚变量的系数，则上述多元线性方程可以写成矩阵的形式：

$$\boldsymbol{Y} = \boldsymbol{X\beta} + \boldsymbol{\varepsilon},$$

其中，$\boldsymbol{Y}$ 是因变量观测值的 N 维列向量；$\boldsymbol{X}$ 是所有解释变量(包括虚变量)的 n 个样本点组成的 $n\times(k+1)$ 阶矩阵；$\boldsymbol{\beta}$ 是 $k+1$ 维系数向量；$\boldsymbol{\varepsilon}$ 是由随机扰动项组成的 n 维向量．

对线性回归模型(1.1)进行最小二乘(OLS)估计时，还需要满足以下基本假设：

（1）解释变量是非随机变量，且彼此之间不相关，即 $\mathrm{Cov}(x_i, x_j)=0$ $(i\neq j)$．

（2）随机误差项之间相互独立且都服从期望为零、标准差为 σ 的正态分布，即 $\varepsilon_i \sim N(0, \sigma^2)$．

（3）解释变量与随机误差项之间不相关，即 $\mathrm{Cov}(x_i, u_j)=0$．

建立了线性回归模型之后，接下来要估计模型的参数，使用 EViews 可以方便地估计出模型的参数，并给出相应的统计量．

11.1.3 实验理论与方法

最小二乘法估计的原理、t 检验、拟合优度检验、点预测和区间预测．

11.1.4 实验仪器

计算机(安装 Windows98、Windows2000 或 Windows XP、R2.14、EViews5.0 以上)、投影仪．

11.1.5 实验步骤和结果分析

按实验内容编写实验步骤，通过实验写出实验结果并进行分析，最后撰写实验报告．

11.1.6 收获与思考

通过这次实验，熟悉了软件和一元回归估计方法．能够更客观地看待经济现象及其变化，在今后的经济学的学习上能够更进一步．

11.2 联立方程组的估计

实验类型为建模探究性实验；实验学时为四学时．

11.2.1 题目及叙述

下列为一个完备的联立方程计量经济学模型：

$$Y_t=\beta_0+\beta_1 M_t+\gamma_1 C_t+\gamma_2 I_t+u_{t1},$$
$$M_t=\alpha_0+\alpha_1 Y_t+\gamma_3 P_t+u_{t2},$$

其中，M 为货币供给量，Y 为国内生产总值，P 为价格总指数．C，I 分别为居民消费与投资．

(1) 指出模型的内生变量、外生变量、先决变量．

(2) 写出简化式模型，并导出结构式参数与简化式参数之间的关系．

(3) 用结构式条件确定模型的识别状态．

(4) 指出间接最小二乘法、工具变量法、二阶段最小二乘法中哪些可以用于原模型第 1、2 个方程的参数估计．

(5) 以表 11.2 中国的实际数据为资料，利用狭义的工具变量法估计消费方程；利用间接最小二乘法估计消费方程；利用两阶段最小二乘法估计消费方程与投资方程．

11.2.2 前言

联立方程的建立是以经济理论为基础的，考察多个变量之间的相互关系．在联立方程中各个方程之间是联立的，而并非独立的，从而使得联立方程模型的估计比单方程估计更为复杂．对于联立方程模型，涉及模型的识别和估计方法，只有模型是可以识别的，才能进行模型估计．其中，秩条件是联立模型识别的充分条件，而阶条件是模型识别的必要条件；在模型是可以识别的基础上，我们可以根据阶条件来判断联立方程式是恰好识别的还是过度识别的．

表 11.2　1990—2007 年中国 GDP 相关数据

年份	货币与准货币 M_2（亿元）	国内生产总值 GDP（亿元）	居民消费价格指数 P（1978＝100）	居民消费 CONS（亿元）	固定资产投资 I（亿元）
1990	15293.4	19347.8	165.2	9450.9	4517
1991	19349.9	22577.4	170.8	10730.6	5594.5
1992	25402.2	27565.2	181.7	13000.1	8080.1
1993	34879.8	36938.1	208.5	16412.1	13072.3
1994	46923.5	50217.4	258.7	21844.2	17042.1
1995	60750.5	63216.9	302.9	28369.7	20019.3
1996	76094.9	74163.6	328.1	33955.9	22913.5
1997	90995.3	81658.5	337.3	36921.5	24941.1
1998	104498.5	86531.6	334.6	39229.3	28406.2
1999	119897.9	91125	329.9	41920.4	29854.7
2000	134610.4	98749	331.2	45854.6	32917.7
2001	158301.9	108972.4	333.5	49213.2	37213.5
2002	185007	120350.3	330.9	52571.3	43499.9
2003	221222.8	136398.8	334.8	56834.4	55566.6
2004	254107	160280.4	347.9	63833.5	70477.4
2005	298755.7	188692.1	354.2	71217.5	88773.6
2006	345603.6	221651.3	359.5	80476.9	109998.2
2007	403442.2	263242.5	376.7	93317.2	137323.9

1. 联立方程模型识别

在考虑联立方程模型估计之前，需要考虑模型的识别问题，即考虑能否从已知的简化式模型确定其结构式模型的问题．如果无法从简化式模型估计出所有的结构式参数，则称该方程是不可以识别的；如果从简化式模型能够得到结构式参数，则称该模型是可识别的，包括恰好识别(结构式参数存在唯一的取值)和过度识别(结构式参数中有一些具有多个值)．可以利用阶条件(必要条件)和秩条件(充分条件)对联立方程模型进行识别．

2. 模型参数的估计

对于联立方程模型，由于内生变量出现在方程的右边，因此很可能与随机误差项相关，那么方程的 OLS 估计量是有偏的且非一致的．联立方程模型的估计方法可以分为单一方程估计方法和系统估计方法，且这两种方法都要求联立方程模型是可以识别的．单一方程估计方法是逐一估计联立模型中的每个方程，主要包括工具变量法和两阶段最小二乘法(TSLS 或 2SLS)．

11.2.3 实验理论与方法

普通最小二乘法、狭义工具法、两阶段最小二乘法.

11.2.4 实验仪器

计算机（安装 Windows98、Windows2000 或 Windows XP、R2.14、EViews5.0 以上）、投影仪.

11.2.5 实验步骤和结果分析

按实验内容编写实验步骤，通过实验写出实验结果并进行分析，最后撰写实验报告.

11.2.6 收获与思考

通过这次实验加深了对最小二乘法、工具变量法、二阶段最小二乘法的理解.

11.3 二元离散选择模型

实验类型为建模探究性实验；实验学时为四学时.

11.3.1 题目及叙述

在申请出国学位的 16 名学生中有如下 GRE 数量与词汇成绩，其中 9 位学生获得入学准入. 请根据表 11.3 中的资料估计 Logit 模型与 probit 模型.

表 11.3 GRE 数量与词汇成绩

学生编号	数量成绩 Q	词汇成绩 V	是否准入 Y(1=准，0=不准)
1	760	550	1
2	600	350	0
3	720	320	0
4	710	630	1
5	530	430	1
6	650	570	0
7	800	500	1
8	650	680	1
9	520	660	1
10	800	250	0
11	670	480	0
12	670	520	1
13	780	710	1
14	520	450	0
15	680	590	1
16	500	380	0

11.3.2 前言

通常的计量经济学模型都假定因变量是连续的、没有限制的，但在实际问题中我们经常会遇到因变量是离散取值或者由于某种原因使得因变量取值受到限制的情况．针对这些问题，我们就不能建立简单的线性回归模型并使用 OLS 或者其变化形式去估计模型的参数．对于因变量是离散变量的情况，我们称之为离散因变量模型(Model weith discrete dependent variables)，其中二元选择模型(Binary choice model)是其中最常用的模型．二元选择模型根据假定随机误差项分布函数形式的不同而分为 probit 模型、Logit 模型以及Extreme value 模型．

二元选择模型是模型中因变量只有 0 或者 1 两种取值的离散因变量模型，我们所关注的核心基本是因变量响应(即因变量取 1 或者 0)概率：

$$P(y_i=1|X_i,\ \beta)=P(y_i=1|x_0,\ x_1,\ x_2,\ \cdots,\ x_k),$$

式中，X_i 表示全部解释变量在样本观测点 i 上的数据所构成的向量，β 是系数构成的向量．对响应概率最简单的假设是线性概率模型，即假定式中右边的概率是解释变量 x_i 和系数 β_i 的线性组合，但线性概率模型容易产生两个最大的问题：一是模型的随机扰动项存在异方差，从而使得参数估计不再是有效的；二是尽管可以使用 WLS 估计也不能保证 y_i 的拟合值限定在 0 和 1 之间．为了克服线性概率模型的局限性，考虑如

$$P(y_i=1|X_i,\ \beta)=1-F(-\beta_0-\beta_1x_1-\cdots-\beta_kx_k)=1-F(-X_i'\beta)$$

的二元选择模型，其中是包括常数项在内的全部解释变量所构成的向量，是取值范围严格介于[0，1]之间的概率分布函数，并且要求是连续的(即有概率密度函数)．分布函数类型的选择决定了二元选择模型的类型，常用的二元选择模型有 probit 模型(对应标准正态分布)、Logit 模型(对应逻辑斯蒂分布)和 Extreme value 模型(对应极值分布)．其中标准正态分布和逻辑斯蒂分布的概率密度函数是偶函数，因此 probit 模型和 Logit 模型还可以进一步简化．

11.3.3 实验理论与方法

最小二乘、Logit 模型、probit 模型．

11.3.4 实验仪器

计算机(安装 Windows98、Windows2000 或 Windows XP、R2.14、EViews5.0 以上)、投影仪．

11.3.5 实验步骤和结果分析

按实验内容编写实验步骤，通过实验写出实验结果并进行分析，最后撰写实验报告．

11.3.6 收获与思考

通过本次实验，对 OLS 估计有了更深刻的认识，同时对二元离散选择模

型的问题，包括常见的 Logit 离散选择模型和 probit 离散选择模型的建立和估计问题都有了进一步的了解．

11.4 时间序列数据平稳性检验、模型识别及估计

实验类型为建模探究性实验；实验学时为四学时．

11.4.1 题目及叙述

表 11.4 给出了 1978—2006 年中国居民消费价格指数 CPI（1990 年为 100）．

表 11.4 1978—2006 年中国居民消费价格指数

年份	GDP	CONS	CPI	TAX	GDPC	X	Y
1978	3605.6	1759.1	46.21	519.28	7802.5	6678.8	3806.7
1979	4092.6	2011.5	47.07	537.82	8694.2	7551.6	4273.2
1980	4592.9	2331.2	50.62	571.7	9073.7	7944.2	4605.5
1981	5008.8	2627.9	51.9	629.89	9651.8	8438	5063.9
1982	5590	2902.9	52.95	700.02	10557.3	9235.2	5482.4
1983	6216.2	3231.1	54	775.59	11510.8	10074.6	5983.2
1984	7362.7	3742	55.47	947.35	13272.8	11565	6745.7
1985	9076.7	4687.4	60.65	2040.79	14966.8	11601.7	7729.2
1986	10508.5	5302.1	64.57	2090.37	16273.7	13036.5	8210.9
1987	12277.4	6126.1	69.3	2140.36	17716.3	14627.7	8840
1988	15388.6	7868.1	82.3	2390.47	18698.7	15794	9560.5
1989	17311.3	8812.6	97	2727.4	17847.4	15035.5	9085.5
1990	19347.8	9450.9	100	2821.86	19347.8	16525.9	9450.9
1991	22577.4	10730.6	103.42	2990.17	21830.9	18939.6	10375.8
1992	27565.2	13000.1	110.03	3296.91	25053	22056.5	11815.3
1993	36938.1	16412.1	126.2	4255.3	29269.1	25897.3	13004.7
1994	50217.4	21844.2	156.65	5126.88	32056.2	28783.4	13944.2
1995	63216.9	28369.7	183.41	6038.04	34467.5	31175.4	15467.9
1996	74163.6	33955.9	198.66	6909.82	37331.9	33853.7	17092.5
1997	81658.5	36921.5	204.21	8234.04	39988.5	35956.2	18080.6
1998	86531.6	39229.3	202.59	9262.8	42713.1	38140.9	19364.1
1999	91125	41920.4	199.72	10682.58	45625.8	40277	20989.3
2000	98749	45854.6	200.55	12581.51	49238	42964.6	22863.9

（续）

年份	GDP	CONS	CPI	TAX	GDPC	X	Y
2001	108972.4	49213.2	201.94	15301.38	53962.5	46385.4	24370.1
2002	120350.3	52571.3	200.32	17636.45	60078	51274	26243.2
2003	136398.8	56834.4	202.73	20017.31	67282.2	57408.1	28035
2004	160280.4	63833.5	210.63	24165.68	76096.3	64623.1	30306.2
2005	188692.1	71217.5	214.42	28778.54	88002.1	74580.4	33214.4
2006	221170.5	80120.5	217.65	34809.72	101616.3	85623.1	36811.2

（1）作出时间序列 CPI 的样本相关图，并通过图形判断该时间序列的平稳性．

（2）对 CPI 序列进行单位根检验，以进一步明确它们的平稳性．

（3）检验 CPI 的单整性．

（4）尝试建立 CPI 的 ARIMA 模型．

11.4.2　前言

ARMA 模型是一类常用的时间序列模型，是由 Box 和 Jenkins 所创立，ARMA 模型通常借助时间序列的随机特性来描述实物的发展变化规律，即运用时间序列过去值、当期值以及滞后随机扰动项的加权来建立模型，从而解释并预测时间序列的变化发展规律．

ARMA 模型基本有三种基本类型：自回归模型(Auto - regressive Model，AR)、移动平均模型(Moving Average Model，MA)以及自回归移动平均模型(Auto - regressive Moving Average Model，ARMA)．其中，AR 模型依赖于序列滞后项的加权之和与一个随机扰动项；MA 模型则完全是由随机扰动项的当前值和滞后项的加权之和确定；而 ARMA 模型则是序列滞后项和随机扰动项的当期以及滞后期的线性函数．

对于平稳的且不包含季节性的时间序列，我们可以对其直接建立上述 ARMA 模型．对于非平稳序列，一般都可以通过适当的差分变换(包括非季节差分和季节差分)或者其他变换来使其平稳．因此对于非平稳序列，我们可以建立包含季节性的 ARIMA 模型(Auto—regressive Integrated Moving Average Model，ARIMA)．对于这些 ARMA 模型和 ARIMA 模型，重要的问题是如何识别这些模型形式，而序列或者其变换序列的自相关函数和偏自相关函数提供了一种识别的工具．利用所建立的 ARMA 或者 ARIMA 模型可以比较准确地对序列未来进行预测．

我们需要掌握的主要内容包括：（1）如何检验时间序列的平稳性，即时间序列的各种单位根检验方法；（2）如何对平稳时间序列建立 ARMA 模型，包括模型的识别、估计与预测．

对高阶自回模型 $AR(p)$来说，多数情况下没有必要直接计算其特征方程的特征根，但有一些有用的规则可用来检验高阶自回归模型的稳定性：

(1) $AR(p)$模型稳定的必要条件是：$\varphi_1+\varphi_2+\cdots+\varphi_p<1$.

(2) 由于$\varphi_i(i=1, \cdots, p)$可正可负，$AR(p)$模型稳定的充分条件是：$|\varphi_1|+|\varphi_2|+\cdots+|\varphi_p|<1$.

由于 $ARMA(p, q)$模型是 $AR(p)$模型与 $MA(q)$模型的组合：

$$X_t=\varphi_1X_{t-1}+\varphi_2X_{t-2}+\cdots+\varphi_pX_{t-p}+\varepsilon_t-\theta_1\varepsilon_{t-1}-\theta_2\varepsilon_{t-2}-\cdots-\theta_q\varepsilon_{t-q},$$

而 $MA(q)$模型总是平稳的，因此 $ARMA(p, q)$模型的平稳性取决于$AR(p)$部分的平稳性．当 $AR(p)$部分平稳时，则该 $ARMA(p, q)$模型是平稳的，否则，不是平稳的．

所谓随机时间序列模型的识别，就是对于一个平稳的随机时间序列，找出生成它的合适的随机过程或模型，即判断该时间序列是遵循一纯 AR 过程、还是遵循一纯 MA 过程或 ARMA 过程．所使用的工具主要是时间序列的自相关函数(Autocorrelation Function，ACF)及偏自相关函数(Partial Autocorrelation Function，PACF)．在 $AR(p)$过程中，对所有的 $k>p$，X_t 与 X_{t-k}间的偏自相关系数为零，也就是 $AR(p)$的一个主要特征是：当 $k>p$ 时，$\rho_k^*=\mathrm{Corr}(X_t, X_{t-k})=0$，即 ρ_k^* 在 p 以后是截尾的．

一随机时间序列的识别原则：

若 X_t 的偏自相关函数在 p 以后截尾，即 $k>p$ 时，$\rho_k^*=0$，而它的自相关函数 ρ_k 是拖尾的，则此序列是自回归 $AR(p)$序列．

在实际识别 $ARMA(p, q)$模型时，需多次反复尝试，有可能存在不止一组(p, q)值都能通过识别检验．显然，增加 p 与 q 的阶数，可增加拟合优度，但却同时降低了自由度．因此，对可能的适当的模型，存在着模型的“简洁性”与模型的拟合优度的权衡选择问题．

常用的模型选择的判别标准有：赤池信息法(Akaike information criterion，简记为 AIC)与施瓦兹贝叶斯法(Schwartz Bayesian criterion，简记为SBC)：

$$AIC=T\ln(RSS)+2n,$$

$$SBC=T\ln(RSS)+n\ln(T),$$

其中，n 为待估参数个数($p+q+$可能存在的常数项)，T 为可使用的观测值，RSS 为残差平方和(Residual sum of squares)．在选择可能的模型时，AIC 与 SBC 越小越好．

时间的平稳性可以采用 ADF(Augment Dickey－Fuller)检验进行．ADF 检验是通过下面三个模型完成的：

模型 1：$\Delta X_t = \delta X_{t-1} + \sum_{i=1}^{m} \beta_i \Delta X_{t-i} + \varepsilon_t$；

模型 2：$\Delta X_t = \alpha + \delta X_{t-1} + \sum_{i=1}^{m} \beta_i \Delta X_{t-i} + \varepsilon_t$；

模型 3：$\Delta X_t = \alpha + \beta t + \delta X_{t-1} + \sum_{i=1}^{m} \beta_i \Delta X_{t-i} + \varepsilon_t$.

模型 3 中的 t 是时间变量，代表了时间序列随时间变化的某种趋势（如果有的话）．模型 1 与另外两个模型的差别在于是否包含有常数项和趋势项．

检验的假设都是：针对 H_1：$\delta<0$，检验 H_0：$\delta=0$，即存在一单位根．

实际检验时从模型 3 开始，然后模型 2、模型 1．何时检验拒绝零假设，即原序列不存在单位根，为平稳序列，何时检验停止．否则，就要继续检验，直到检验完模型 1 为止．

模型的估计可以采用 Yule Walker 方法、极大似然方法等．

11.4.3　实验理论与方法

普通最小二乘法、Yule Walker 方法、极大似然方法、DF 分布、ADF 检验．

11.4.4　实验仪器

计算机（安装 Windows98、Windows2000 或 Windows XP、R2.14、EViews5.0 以上）、投影仪．

11.4.5　实验步骤和结果分析

按实验内容编写实验步骤，通过实验写出实验结果并进行分析，最后撰写实验报告．

11.4.6　收获与思考

1．通过本次实验，对 OLS 估计有了更深刻的认识，同时对单位根检验、随机时间序列分析模型也有了进一步的了解．

2．在本次实验的过程中，主要是数据的平稳性及其检验的问题，随机时间序列分析模型的识别、估计与检验的问题．

第 12 章　数学建模

数学建模实验是数学建模课程的重要组成部分，作为与相关教学内容配合的实践性教学环节．实验包括使用 LINGO 软件求解数学规划模型；使用 MATLAB 软件求解微分方程、差分方程模型和统计回归模型；数学模型的计算机模拟等．通过这些实验，使学生获得利用数学工具建立数学模型的基本知识和基本技能，以及使用数学软件解答问题的能力，为应用所学数学知识解决实际问题奠定良好的基础．

12.1　数学规划模型的 LINGO 软件求解

实验类型为基础演示性实验；实验学时为四学时．

12.1.1　实验目的

1. 熟悉 LINGO 软件的启动和运行．
2. 熟悉 LINGO 软件的基本建模语言和编程．
3. 掌握 LINGO 软件求解数学规划模型的过程．

12.1.2　实验理论与方法

1. 使用 LINGO 软件的建模语言描述数学规划模型．
2. 使用 LINGO 软件做灵敏度分析．
3. 使用 LINGO 软件求解线性规划和非线性规划模型．

12.1.3　实验内容

1. 编写 LINGO 程序，求解下列线性规划模型，并做灵敏度分析．

一奶制品加工厂用牛奶生产 A_1，A_2 两种奶制品，1 桶牛奶可以在甲车间用 12 h 加工成 3 kgA_1，或者在乙车间用 8 h 加工成 4kg A_2．根据市场需求，生产的 A_1，A_2 能全部售出，且每千克 A_1 获利 24 元，每千克 A_2 获利 16 元．现在加工厂每天能得到 50 桶牛奶的供应，每天正式工人总的劳动时间 480 h，并且甲车间每天至多能加工 100 kg A_1，乙车间的加工能力没有限制．试为该厂制定一个生产计划，使每天获利最大，并进一步讨论以下 3 个附加问题：

(1) 若用 35 元可以买到 1 桶牛奶，应否做这项投资？若投资，每天最多购买多少桶牛奶?

(2) 若可以聘用临时工人以增加劳动时间，付给临时工人的工资最多是每小时几元?

(3) 由于市场需求变化，每千克 A_1 的获利增加到 30 元，应否改变生产计划？

2. 编写 LINGO 程序，求解下列整数线性规划模型：

某班准备从 5 名游泳队员中选择 4 人组成接力队，参加学校的 4×100 m 混合接力比赛．5 名队员 4 种泳姿的百米成绩如表 12.1 所示，应如何选拔队员组成接力队？

表 12.1　队员成绩表

	甲	乙	丙	丁	戊
蝶泳	1′06″8	57″2	1′18	1′10″	1′07″4
仰泳	1′15″6	1′06″	1′07″8	1′14″2	1′11″
蛙泳	1′27″	1′06″4	1′24″6	1′09″6	1′23″8
自由泳	58″6	53″	59″4	57″2	1′02″4

3. 编写 LINGO 程序，求解下列非线性规划模型：

如表 12.2 所示，某公司有 6 个建筑工地，位置坐标为 (a_i, b_i)（单位：km），水泥日用量 d_i（单位：t）．

表 12.2　建筑工地位置及水泥日用量表

i	1	2	3	4	5	6
a	1.25	8.75	0.5	5.75	3	7.25
b	1.25	0.75	4.75	5	6.5	7.75
d	3	5	4	7	6	11

(1) 现有 2 料场，位于 $A(5, 1)$、$B(2, 7)$，记 (x_j, y_j)，$j=1, 2$．日储量 e_j 各有 20 t，制定每天的供应计划，即从 A、B 两料场分别向各工地运送多少吨水泥，使总的吨千米数最小．

(2) 改建两个新料场，需要确定新料场位置 (x_j, y_j) 和运量 c_{ij}，在其他条件不变下使总吨千米数最小．

12.1.4　实验仪器

计算机、LINGO 软件．

12.1.5　实验步骤和结果分析

按实验内容编写实验步骤，通过实验写出实验结果并进行分析，最后撰写实验报告．

12.1.6　收获与思考

读者完成．

12.2 微分方程与差分方程模型的 MATLAB 软件求解

实验类型为验证设计性实验；实验学时为四学时.

12.2.1 实验目的

1. 掌握微分方程 MATLAB 解析解和数值解的求解方法.

2. 掌握使用 MATLAB 软件建立微分方程模型的求解过程.

3. 熟悉离散 Logistic 模型的求解与混沌的产生过程.

12.2.2 实验理论与方法

1. 用 MATLAB 的 dsolve 函数求解析解，ode23 或 ode45 求数值解.

2. 微分方程的解的图形和相图分析.

3. 离散 Logistic 模型的蛛网迭代和混沌分岔图，演示混沌产生过程.

12.2.3 实验内容

1. 两种相似的群体之间为了争夺有限的同一种食物来源和生活空间而进行生存竞争时，往往是竞争力较弱的种群灭亡，而竞争力较强的种群达到环境容许的最大数量.

假设有甲、乙两个生物种群，当它们各自生存于一个自然环境中，均服从 Logistic 规律.

(1) $x_1(t)$，$x_2(t)$是两个种群的数量.

(2) r_1，r_2是它们的固有增长率.

(3) n_1，n_2 是它们的最大容量.

(4) $m_2(m_1)$为种群乙(甲)占据甲(乙)的位置的数量，并且 $m_2=\alpha x_2$，$m_1=\beta x_1$.

建立模型如下：

$$\begin{cases}\dfrac{\mathrm{d}x_1}{\mathrm{d}t}=r_1x_1\left(1-\dfrac{x_1+m_2}{n_1}\right),\\[2ex]\dfrac{\mathrm{d}x_2}{\mathrm{d}t}=r_2x_2\left(1-\dfrac{x_2+m_1}{n_2}\right).\end{cases}$$

① 设 $r_1=r_2=1$，$n_1=n_2=100$，$\alpha=0.5$，$\beta=2$，$x_{1_0}=x_{2_0}=10$(初值)，计算 $x_1(t)$，$x_2(t)$，画出图形及相轨迹图，解释其解变化过程.

② 改变 r_1，r_2，n_1，n_2，x_{1_0}，x_{2_0}，而 α，β 不变，计算并分析结果；若 $\alpha=1.5$，$\beta=0.7$，再分析结果，由此能得到什么结论?

2. 离散 Logistic 模型 $x_{n+1}=rx_n(1-x_n)$，选取不同的 r 绘制其轨道、蛛网迭代图以及混沌分岔图.

12.2.4 实验仪器

计算机、LINGO 软件.

12.2.5　实验步骤和结果分析

按实验内容编写实验步骤，通过实验写出实验结果并进行分析，最后撰写实验报告.

12.2.6　收获与思考

读者完成.

12.3　统计回归模型的 MATLAB 软件求解

实验类型为验证设计性实验；实验学时为四学时.

12.3.1　实验目的

1. 掌握统计回归数学模型的 MATLAB 软件求解.

2. 熟悉 MATLAB 软件求解统计回归模型的过程.

12.3.2　实验理论与方法

使用 MATLAB 软件的统计工具箱中的基本函数 regress 求解多元线性回归模型.

12.3.3　实验内容

1. 一家技术公司人事部门为研究软件开发人员的薪金与他们的资历、管理责任、教育程度等因素之间的关系，要建立一个数学模型，以便分析公司人事策略的合理性，并作为新聘用人员薪金的参考. 他们认为目前公司人员的薪金总体上是合理的，可以作为建模的依据，于是调来 46 名软件开发人员的档案资料，如表 12.3 所示. 其中资历一列指从事专业工作的年数，管理一列中 1 表示管理人员，0 表示非管理人员，教育一列中 1 表示中学程度，2 表示大学程度，3 表示更高程度(研究生).

表 12.3　公司人员薪金资历管理教育等数据

编号	薪金	资历	管理	教育	编号	薪金	资历	管理	教育
01	13876	1	1	1	10	12313	3	0	2
02	11608	1	0	3	11	14975	3	1	1
03	18701	1	1	3	12	21371	3	1	2
04	11283	1	0	2	13	19800	3	1	3
05	11767	1	0	3	14	11417	4	0	1
06	20872	2	1	2	15	20263	4	1	3
07	11772	2	0	2	16	13231	4	0	3
08	10535	2	0	1	17	12884	4	0	2
09	12195	2	0	3	18	13245	5	0	2

(续)

编号	薪金	资历	管理	教育	编号	薪金	资历	管理	教育
19	13677	5	0	3	33	23780	10	1	2
20	15965	5	1	1	34	25410	11	1	2
21	12366	6	0	1	35	14861	11	0	1
22	21352	6	1	3	36	16882	12	0	2
23	13839	6	0	2	37	24170	12	1	3
24	22884	6	1	2	38	15990	13	0	1
25	16978	7	1	1	39	26330	13	1	2
26	14803	8	0	2	40	17949	14	0	2
27	17404	8	1	1	41	25685	15	1	3
28	22184	8	1	3	42	27837	16	1	2
29	13548	8	0	1	43	18838	16	0	2
30	14467	10	0	1	44	17483	16	0	1
31	15942	10	0	2	45	19207	17	0	2
32	23174	10	1	3	46	19364	20	0	1

2. 某大型牙膏制造企业为了更好地拓展产品市场，有效地管理库存，公司董事会要求销售部门根据市场调查，找出公司生产的牙膏销售量与销售价格、广告投入等之间的关系，从而预测出在不同价格和广告费用下的销售量．为此，销售部的研究人员收集了过去30个销售周期(每个销售周期为4周)公司生产的牙膏的销售量、销售价格、投入的广告费用，以及同期其他厂家生产的同类牙膏的市场平均销售价格，见表12.4(其中价格差指其他厂家平均价格与公司销售价格之差)．试根据这些数据建立一个数学模型，分析牙膏销售量与其他因素的关系，为制定价格策略和广告投入策略提供数量依据．

表12.4　牙膏销售量与销售价格、广告费用等数据

销售周期	公司销售价格(元)	其他厂家平均价格(元)	价格差(元)	广告费用(百万元)	销售量(百万支)
1	3.85	3.80	−0.05	5.5	7.38
2	3.75	4.00	0.25	6.75	8.51
3	3.70	4.30	0.60	7.25	9.52
4	3.60	3.70	0.00	5.50	7.50
5	3.60	3.85	0.25	7.00	9.33
6	3.6	3.80	0.20	6.50	8.28

（续）

销售周期	公司销售价格（元）	其他厂家平均价格（元）	价格差（元）	广告费用（百万元）	销售量（百万支）
7	3.6	3.75	0.15	6.75	8.75
8	3.8	3.85	0.05	5.25	7.87
9	3.8	3.65	−0.15	5.25	7.10
10	3.85	4.00	0.15	6.00	8.00
11	3.90	4.10	0.20	6.50	7.89
12	3.90	4.00	0.10	6.25	8.15
13	3.70	4.10	0.40	7.00	9.10
14	3.75	4.20	0.45	6.90	8.86
15	3.75	4.10	0.35	6.80	8.90
16	3.80	4.10	0.30	6.80	8.87
17	3.70	4.20	0.50	7.10	9.26
18	3.80	4.30	0.50	7.00	9.00
19	3.70	4.10	0.40	6.80	8.75
20	3.80	3.75	−0.05	6.50	7.95
21	3.80	3.75	−0.05	6.25	7.65
22	3.75	3.65	−0.10	6.00	7.27
23	3.70	3.90	0.20	6.50	8.00
24	3.55	3.65	0.10	7.00	8.50
25	3.60	4.10	0.50	6.80	8.75
26	3.70	4.25	0.60	6.80	9.21
27	3.75	3.65	−0.05	6.50	8.27
28	3.75	3.75	0.00	5.75	7.67
29	3.80	3.85	0.05	5.80	7.93
30	3.70	4.25	0.55	6.80	9.26

12.3.4　实验仪器

计算机、LINGO 软件．

12.3.5　实验步骤和结果分析

按实验内容编写实验步骤，通过实验写出实验结果并进行分析，最后撰写实验报告．

12.3.6 收获与思考

读者完成．

12.4 数学模型的计算机模拟

实验类型为验证设计性实验；实验学时为四学时．

12.4.1 实验目的

1. 了解计算机模拟的思想．

2. 掌握对数学模型进行计算机模拟的方法．

3. 掌握运用 MATLAB 进行模拟的步骤和过程．

12.4.2 实验理论与方法

计算机模拟是建模过程中非常重要的一类方法，计算机适合于解决那些规模大、难以解析化以及不确定的数学模型，例如对于一些带随机因素的复杂系统.

MATLAB 中各种分布下产生随机数的命令：

常见的分布函数	MATLAB 语句
均匀分布 $U[0，1]$	R=rand(m，n)
均匀分布 $U[a，b]$	R=unifrnd(a，b，m，n)
指数分布 $E(\lambda)$	R=exprnd(λ，m，n)
正态分布 N(mu，sigma)	R=normrnd(mu，sigma，m，n)
二项分布 $B(n，p)$	R=binornd(n，p，m，n)
泊松分布 $P(\lambda)$	R=poissrnd(λ，m，n)

以上语句均产生 $m\times n$ 阶矩阵．

12.4.3 实验内容

通过实验求解下面的题目，并且写出实验报告，包括问题分析，计算机模拟基本思路、框图、程序和结果等．

1. 订货策略问题

在物资的供应过程中，由于到货与销售不可能做到同步、同量，故总要保持一定的库存储备．如果库存过多，就会造成积压浪费以及保管费用的上升；如果库存过少，会造成缺货．如何选择库存和订货策略，就是一个需要研究的问题．请研究以下问题：

某自行车商店的仓库管理人员采取一种简单的订货策略，当库存降低到 P 辆自行车时就向厂家订货 Q 辆．如果某一天的需求量超过了库存量，商店就有销售损失和信誉损失，但如果库存量过多，将会导致资金积压和保管费增加．若现在已有如表 12.5 所示的 5 种库存策略，试比较选择一种策略以使花费最少．

表 12.5　自行车库存方案表

方案编号	1	2	3	4	5
重新订货量 P 辆	125	125	150	175	175
重新订货量 Q 辆	150	250	250	250	300

已知该问题的条件为：

(1) 从发出订货到收到货物需隔 3 天.

(2) 每辆自行车保管费为 0.75 元/天，每辆自行车的缺货损失为 1.80 元/天，每次的订货费为 75 元.

(3) 每天自行车的需求量服从 0 到 99 之间的均匀分布.

(4) 原始库存为 115 辆，并假设第一天没有发出订货.

2. 报童问题

某报童以每份 0.03 元的价格买进报纸，以每分 0.05 元的价格出售. 根据长期统计，报纸每天的销售量及百分率见表 12.6.

表 12.6　报纸销售量百分率

销售量(份)	200	210	220	230	240	250
百分率	0.10	0.20	0.40	0.15	0.10	0.05

已知当天销售不出去的报纸，将以每份 0.02 元的价格退还报社. 试用模拟方法确定报童每天买进的报纸数量，使报童的平均总收入最大.

12.4.4　实验仪器

计算机、MATLAB 软件.

12.4.5　实验步骤和结果分析

按实验内容编写实验步骤，通过实验写出实验结果并进行分析，最后撰写实验报告.

12.4.6　收获与思考

读者完成.

第 13 章　分形与混沌

分形与混沌实验课是该门理论课的配套课程，着重讲解分形与混沌中的一些具体问题如何借助计算机求解实现．主要包括经典分形图的计算机实现，如：Mandelbrot 集与 Julia 集，L-系统等；迭代函数系统(IFS)的编程实现．分形集合的盒维数的测定；分形插值理论、编程实现及其应用；混沌系统的相图、混沌的判定及奇异吸引子等计算机编程．通过这些内容的学习，了解并掌握分形与混沌的相关基本理论与方法，提升编写计算机程序的动手能力，增强自学能力并拓宽数学视野．这其中主要使用 MATLAB 软件、C 语言软件．

13.1　MATLAB 绘制严格自相似分形集以及 Mandelbrot 集和 Julia 集

实验类型为验证设计性实验；实验学时为四学时。

13.1.1　实验目的

1. 利用 MATLAB 软件绘制严格自相似分形集，如：Koch 曲线、Sierpinski 三角形、Cantor 集等．

2. 利用 MATLAB 软件绘制 Mandelbrot 集与 Julia 集等．

3. 利用其他编程软件实现以上实验，如：C 语言．

13.1.2　实验理论与方法

1. 利用 Koch 曲线、Sierpinski 三角形、Cantor 集等的生成原理，采用递归的方法绘制严格自相似分形集．详细见书《分形》(李水根著)，第 1～2 章．

(1) Koch 曲线生成原理．设 E_0 为单位区间[0，1]，第一步，即 $n=1$，以 E_0 的中间三分之一线段为底，向上作一个等边三角形，然后去掉区间 $\left(\frac{1}{3},\ \frac{2}{3}\right)$，得一条四折线段的多边形 E_1，E_0 是处处可微的，但 E_1 却有三点不可微．第二步，即 $n=2$，对 E_1 的四条折线段重复上述过程，得一条十六折线段多边形 E_2，它有 15 个点不可微．再重复上述过程，由 E_n 到 E_{n+1}，当 n 趋于无穷时，便得一条 Koch 曲线，它是一条处处连续但是点点不可微的曲线.

(2) Sierpinski 三角形生成原理．令 S_0 为边长为 1 的等边三角形，第一步($n=1$)，联结三条边的中点，得到四个全等三角形，去掉中间一个，保留其余三个，得 S_1．第二步($n=2$)，对 S_1 的三个三角形重复刚才步骤，得 S_2，它含有 9 个小三角形．如此重复上述步骤，得 S_n，当 n 趋于无穷大时，便得 Si-

erpinski 三角形．

(3) Cantor 集生成原理．记 $E_0=[0,1]$，第一步($n=1$)，去掉中间三分之一，得 $E_1=\left[0,\frac{1}{3}\right]\cup\left[\frac{2}{3},1\right]$. 第二步($n=2$)，重复刚才的步骤，得 $E_2=\left[0,\frac{1}{9}\right]\cup\left[\frac{2}{9},\frac{1}{3}\right]\cup\left[\frac{2}{3},\frac{7}{9}\right]\cup\left[\frac{8}{9},1\right]$. 如此重复刚才一系列步骤，得 E_n，当 n 趋于无穷大时，得 Cantor 集 E.

2. 逃逸时间法

它是一种基于迭代法的一种画图法．设 $z\in\mathbf{C}$，其中 $\mathbf{C}$ 是全体复数集合，令(a,b)和(c,d)分别表示坐标图上左下方和右上方闭区域 W 的两个点(图 13.1)，M 是正整数，定义 W 中的点 $z_{pq}=\left(a+p\frac{c-a}{M},\ b+q\frac{d-b}{M}\right)$，$p,q=0,1,\cdots,M$，实际操作时，用计算机屏幕上一个像素来表示这个点，观察轨道$\{f^n(z_{pq})\}_{n=0}^{\infty}$上的点的运行状况．

设 R 为正数，以原点为中心，R 为半径的圆包含了 W，定义

$$V=\{z\in\mathbf{C}:|z|>R\},$$

令 N 为正整数，对每个 $p,q=0,1,\cdots,M$，计算轨道$\{f^n(z_{pq})\}$时，n 不能超过 N. 如果当 $n=N$ 时，$\{f^n(z_{pq})\}$的轨道点集没有落入 V，则转向下一个(p,q)值，否则当 $n\leqslant N$ 时，存在第一个整数 n 使 $f^n(z_{pq})\in V$，则相应于 z_{pq} 的像素点就要被点上一个颜色，然后计算转向下一个(p,q)．显然这种计算机画图方法提供了 W 中不同点轨道到达区域 V 的一个长度．上面这种画图算法称为逃逸时间法．可理解为闭域 W 中的点轨道随时间变化是否逃出该区域．

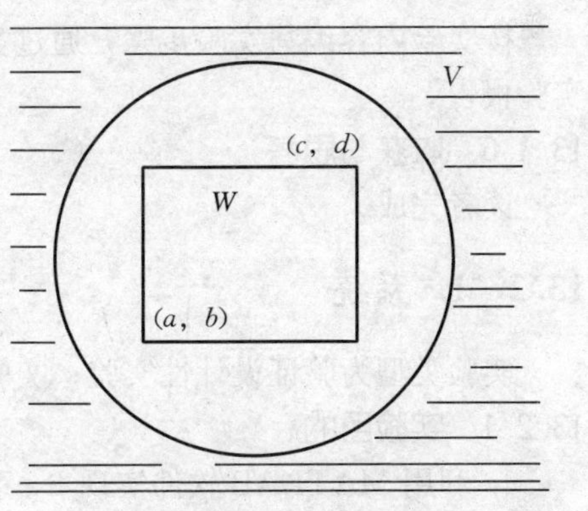

图 13.1　逃逸时间法图示

3. Mandelbrot 集

令 $f(z)=z^2+c$，其中 $z,c\in\mathbf{C}$，z 是复变量，c 是复常数．对变换 f 施行逃逸时间法，得如下迭代公式：$z_{n+1}=z_n^2+c_{pq}$，式中 $z_0=(0,0)$，c_{pq} 为计算机屏幕位于(p,q)位置的像素，于是上式成为

$$z_{n+1}=(\cdots(((((z_0^2+c_{pq})^2+c_{pq})^2+c_{pq})^2+c_{pq})^2+\cdots)^2+c_{pq},$$

给定 N 为一个正整数，比如等于 255，当像素位于(p,q)且 $n=N$ 时，$|z_n|$ 仍然小于预设的一个阈值 K，则在(p,q)位置着色为 1(蓝色)，否则当$n<N$ 时，已有 $|z_n|\geqslant K$，则在(p,q)位置描色为 n. 如此(p,q)遍历整个屏幕后，

便得 Mandelbrot 集．

4. Julia 集

基于变换 $z_{n+1}=z_n^2+c$，$n=0$，1，2，…，其中常数 c 是任意复数．变元 z_0 是计算机屏幕上的每个像素，当 z_0 遍历像素(p, q)的所有点且对上式运用逃逸时间法后，便得到 Julia 集．

13.1.3 实验内容

1. 基于 MATLAB 软件按以上原理与方法制作以上各种严格分形集．

2. 基于 MATLAB 软件按逃逸时间方法制作 Mandelbrot 集、广义 Mandelbrot集、Julia 集．

3. 写出详细的程序过程，并添加详细的程序注释．

4. 尝试用 C 语言或其他程序语言处理以上实验内容．

13.1.4 实验仪器

MATLAB 软件、C 语言、计算机．

13.1.5 实验步骤和结果分析

按实验内容编写实验步骤，通过实验写出实验结果并进行分析，最后撰写实验报告．

13.1.6 收获与思考

读者完成．

13.2 L-系统

实验类型为验证设计性实验；实验学时为四学时．

13.2.1 实验目的

1. 利用 MATLAB 软件实现 L-系统，如：二维 L-系统、随机 L-系统、三维 L-系统等．

2. 利用其他编程软件实现以上实验，如 C 语言．

13.2.2 实验理论与方法

1. 用如下二维 L-系统举例说明如何用 MATLAB 对 L-系统绘图．

$\delta=25°$,

ω: F,

P_1: $F\to FF$,

P_2:$G\to F[+G][-G]F[+G][-G]FG$.

MATLAB 代码分成两个部分．第一部分进行字符串替换运算，第二部分对字符串符号作几何解释并画图．

第一部分：用结构数组 rule 存储生成规则，每个规则作为一个元素，字段 in 记录规则的输入，字段 out 记录规则的输出．把每经过一次迭代(字符替换)

的结果字符串 axiom 用字符串单元数组 axiomINcells 记录，每个字符为 axiomINcells 的一个元素，在下次迭代中，通过查找 axiom 中每个生成规则的输入字符，利用位置索引对 axiomINcells 中的对应元素进行替换．替换后重新转化为字符串 axiom，用于下次迭代．

二维 L-系统 MATLAB 程序：

L-系统是一类独特的迭代过程．根据初始字符串(称为公理 axiom)和一组生成规则，将每个字符依次替换为新的字符串，以此过程反复替换重写，最后生成终极图形．

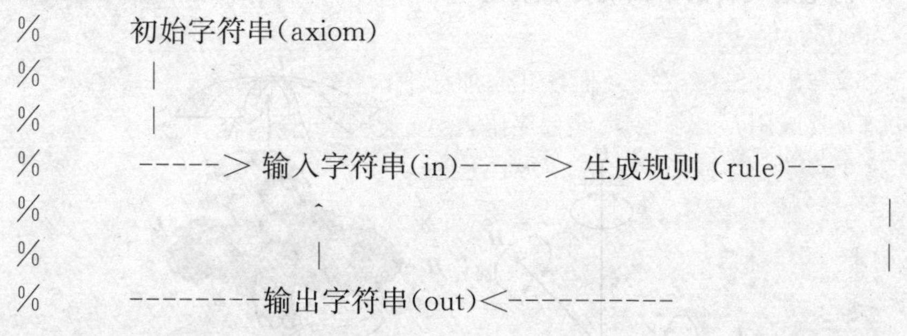

% 创建结构数组 rule，维数为 1 * 2，含有两个元素，对应两个生成规则：

% 规则 1：$F \rightarrow FF$;

% 规则 2：$G \rightarrow F[+G][-G]F[+G][-G]FG$.

% 字段 in 记录输入字符串，字段 out 记录输出字符串．

第二部分：把最终的字符串转化为几何解释并画图．理解成海龟在沙滩上行走，能够向前运动并画线，也能够向左转弯或向右转弯．海龟的状态由(x_T，y_T，a_T)确定，分别表示 x，y 位置和角度．对字符串中的每一个字符(F，G，＋，－，[，])，用 case 子句确定相应操作．字符 F 和 G(也可以不划线)在当前方向画一条线段，用 line 命令：字符[保持海龟的当前位置，字符]海龟返回到最近保存的位置．用结构数组 stack(stkPtr)和字段 x_T，y_T，a_T 保存海龟的状态，通过 stkPtr 的递增和递减实现 stack 的先进后出．其中 F，G 在当前方向画一条线段．＋表示左转 δ，－表示右转 δ.

2. 一个随机的二维 L-系统

ω：F，

δ：250，

P_1：$F(0.33) \longrightarrow F[+F]F[-F]F$，

P_2：$F(0.33) \longrightarrow F[+F]F[-F[+F]]$，

P_3：$F(0.34) \longrightarrow FF[-F+F+F]+[+F-F-F]$.

以上为每次迭代按概率选择规则．

在前面非随机 L-系统中，以 a 为前驱的产生式只有一个，于是各个 a 都用相同的后继替代．而在随机系统中产生方式不止一个，设为 P_1，P_2，…，P_m，它们的前驱同为 a，后继不同．取生成元 p_i 的概率为 $p_i=\pi(p_i)$，其中 $p_1+p_2+\cdots+p_m=1$.

3. 三维 L-系统

如图 13.2 所示，海龟在空间的当前位置由三个向量$[\boldsymbol{H}, \boldsymbol{L}, \boldsymbol{U}]$表示，$\boldsymbol{H}$ 表示海龟前进(heading)的方向，$\boldsymbol{L}$ 表示向左(left)的方向，$\boldsymbol{U}$ 表示向上(up)的方向．海龟的旋转由下面的方程确定．

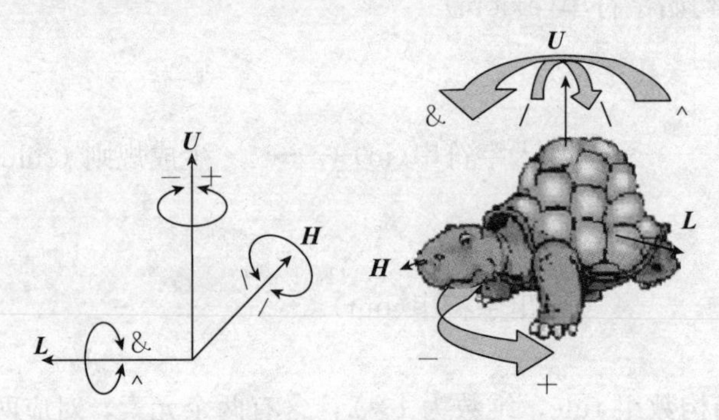

图 13.2　海龟旋转图

$$[\boldsymbol{H}'\boldsymbol{L}'\boldsymbol{U}']=[\boldsymbol{HLU}]\boldsymbol{R},$$

这里 $\boldsymbol{R}$ 是 3 阶旋转矩阵，特别当旋转角为 θ 时，绕向量 $\boldsymbol{H}$，$\boldsymbol{L}$，$\boldsymbol{U}$ 旋转的旋转矩阵 $\boldsymbol{R}$ 分别为

$$\boldsymbol{R}_U(\theta)=\begin{pmatrix}\cos\theta & \sin\theta & 0\\ -\sin\theta & \cos\theta & 0\\ 0 & 0 & 1\end{pmatrix},\boldsymbol{R}_L(\theta)=\begin{pmatrix}\cos\theta & 0 & -\sin\theta\\ 0 & 1 & 0\\ \sin\theta & 0 & \cos\theta\end{pmatrix},\boldsymbol{R}_H(\theta)=\begin{pmatrix}1 & 0 & 0\\ 0 & \cos\theta & -\sin\theta\\ 0 & \sin\theta & \cos\theta\end{pmatrix}.$$

＋　向左转角度 δ，应用旋转矩阵　$\boldsymbol{R}_U(\delta)$

－　向右转角度 δ，应用旋转矩阵　$\boldsymbol{R}_U(-\delta)$

&　向下转角度 δ，应用旋转矩阵　$\boldsymbol{R}_L(\delta)$

^　向上转角度 δ，应用旋转矩阵　$\boldsymbol{R}_L(-\delta)$

\　向左滚动角度 δ，应用旋转矩阵　$\boldsymbol{R}_H(\delta)$

/　向右滚动角度 δ，应用旋转矩阵　$\boldsymbol{R}_H(-\delta)$

|　掉头，应用旋转矩阵　$\boldsymbol{R}_U(180°)$

例如：一个较简单的系统：

$\delta=22.5$，

ω：G，

P_1：$F \to F[-\&\backslash G]\ [\backslash++\&G]\ |\ |\ F[-\&/G]\ [+\&G]$，

P_2：$G \to F[+G][-G]F[+G][-G]FG$.

13.2.3　实验内容

1. 基于 MATLAB 软件按以上原理与方法制作二维 L-系统（含随机的情形）.

2. 基于 MATLAB 软件实现三维 L-系统.

3. 写出详细的程序过程，并添加详细的程序注释.

4. 尝试用 C 语言或其他程序语言处理以上实验内容.

13.2.4　实验仪器

MATLAB 软件、C 语言、计算机.

13.2.5　实验步骤和结果分析

按实验内容编写实验步骤，通过实验写出实验结果并进行分析，最后撰写实验报告.

13.2.6　收获与思考

读者完成.

13.3　迭代函数系统 IFS

实验类型为验证设计性实验；实验学时为四学时.

13.3.1　实验目的

1. 利用 MATLAB 软件实现迭代函数系统，理解 IFS 反问题、理解拼贴定理等.

2. 利用其他编程软件实现以上实验，如 C 语言.

13.3.2　实验理论与方法

Barnsley 和 Stephen 提出的迭代函数系统的基本思想是：认定几何对象的全貌与局部，在仿射变换的意义下，具有自相似结构.其意义是把原图分解为几部分，每一部分都看作原图在不同仿射变换下的复制品，即任何分形图形都可以看成是通过一系列仿射变换得到的小复制品拼贴而构成.

迭代函数系统（Iterated Function System，IFS）是分形理论的重要分支，是将待生成的图像看成是由许多与整体相似的（自相似）或经过一定变换与整体相似的（自仿射）小块拼贴而成.

定义 1　设函数 d 为衡量集合 X 中任两点 x 和 y 距离的度量，且所构成度量空间 (X, d) 是完备的.在该完备度量空间 (X, d) 上的某变换 f：$X \to X$ 满足 $d(f(x), f(y)) \leqslant sd(x, y)$，$x, y \in X$，则称该变换为压缩映射，其中常数 $0 \leqslant s < 1$ 为压缩因子.

定义 2　完备度量空间 (X, d) 上定义 N 个有限压缩映射 W_n：$X \to X$，$n=1, 2, \cdots, N$，对应的压缩因子为 s_n. 这些具有不同压缩因子的压缩映射就构成了一个迭代函数系统，可以简记为 IFS$\{X; W_n, n=1, 2, \cdots, N\}$，系统的压缩因子定义为最大值，$s=\max\{s_n: n=1, 2, \cdots, N\}$.

在迭代函数系统中，压缩映射 W_n 的出现概率 $0<P_n<1$ 称为伴随概率，满足 $\sum_{n=1}^{N} P_n = 1$. 这样所有压缩映射和对应的伴随概率确定了整个系统的迭代过程，因此称集合$\{(W_n, P_n), n=1, \cdots, N\}$为迭代函数系统的 IFS 码.

压缩映射不动点定理

设有压缩因子为 s 的迭代函数系统 IFS$\{X; W_n, n=1, \cdots, N\}$，定义 X 的全体非空紧子集空间 $H(X)$上的变换 W：$H(X)\to H(X)$为 $W(B)=\bigcup_{n=1}^{N} W_n(B)$，$\forall B\in H(X)$. 则该变换 $W(B)$是分形空间$(H(X), h(d))$上具有压缩因子 s 的压缩映射，其中 $h(A, B)$为 $H(X)$上两点的 Hausdorff 距离. 该压缩映射的唯一不动点 $P\in H(X)$满足 $P=\bigcup_{n=1}^{N} W_n(P)$，且 $P=\lim_{n\to\infty} W^n(B)$，$\forall B\in H(X)$，$W^n$ 指变换 W 的 n 次迭代. 不动点 P 被称为 IFS 的吸引子.

二维 IFS 的具体生成方法：

设 $K\subset \boldsymbol{R}^2$，定义压缩变换 $w_i(i=1, 2, \cdots, N)$：$K\to K$ 如下：

$$w_i\begin{pmatrix} x \\ y \end{pmatrix} = \begin{pmatrix} a_i & b_i \\ c_i & d_i \end{pmatrix}\begin{pmatrix} x \\ y \end{pmatrix} + \begin{pmatrix} e_i \\ f_i \end{pmatrix}, \quad (x, y)\in K, \tag{1}$$

其中 $\begin{pmatrix} a_i & b_i \\ c_i & d_i \end{pmatrix}$ 为一压缩矩阵，可取为

$$\begin{cases} a_i = r_i\cos\theta_i,\ b_i = -q_i\sin\varphi_i, \\ c_i = r_i\sin\theta_i,\ d_i = q_i\cos\varphi_i, \end{cases} \quad 0\leqslant r_i,\ q_i<1,$$

其中 r_i、θ_i、e_i 分别为 x 的压缩因子、旋转角度与位移，q_i、φ_i、f_i 分别为 y 的压缩因子、旋转角度与位移. 显然 w_i 可视为压缩、旋转与平移的合成，是一类典型的仿射变换. r_i、θ_i、e_i、q_i、φ_i、f_i 取不同的值就得到不同的 w_i，不同 w_i 与 N 对应于不同的 IFS，从而可得不同的吸引子(分形)G.

对于一个比较复杂的图形，可能需要多个不同的仿射变换来实现，仿射变换族$\{w_n\}$控制着图形的结构和形状，由于仿射变换的形式是相同的，所以不同的形状取决于仿射变换的系数. 另外，仿射变换族$\{w_n\}$中，每一个仿射变换被调用的概率不一定是等同的，即落入图形各部分中点的数目不一定相同，这就要引进一个新的量，即仿射变换 w 被调用的概率 p. 迭代中选择 w_i 的概率 p_i 取为

$$p_i = \frac{|a_i d_i - b_i c_i|}{\sum_{k=1}^{N} |a_k d_k - b_k c_k|},$$

对为零的 p_i 可用一很小的正数(如 0.001)代替.

6 个仿射变换系数(a_i，b_i，c_i，d_i，e_i，f_i)和一个概率 p_i 便组成了 IFS 算法最关键的部分——IFS 码．

拼贴定理

在完备度量空间(X, d)上给定 $L\in H(X)$，选定一个压缩因子为 $0\leqslant s<1$ 的迭代函数系统 IFS$\{X; W_n, n=1, \cdots, N\}$，$W(A)=w_1(A)\cup w_2(A)\cup\cdots\cup w_N(A)$，则

$$h(L, A_\infty)\leqslant\frac{1}{1-s}h(L, W(L)),$$

其中，A_∞是这个 IFS 的吸引子．

拼贴定理是迭代函数系统理论的核心，它指出了迭代过程中容许的误差范围，以及应该选取合适的压缩映射 W 来降低拼贴误差．从上述两个定理可知，如果以 IFS 码来建模，那么用极少量的代码就可以绘制出非常复杂的图形效果．换言之，一个分形就可以用一个 IFS 码表示，这样只需反复做压缩映射 W，就可以逼近分形．

IFS 码的求取

在二维迭代函数系统中，考虑二维欧氏空间的压缩映射集 W_n：$\boldsymbol{R}^2\rightarrow\boldsymbol{R}^2$，变换前点 U 用齐次坐标表示为 $U=[xy1]T$，变换后的齐次坐标为 $U'=[x'y'1]T$，W 为二维齐次坐标的变换矩阵，则

$$\begin{pmatrix}x'\\y'\\1\end{pmatrix}=\begin{pmatrix}r_1\cos\theta & -r_2\sin\varphi & e\\ r_1\sin\theta & r_2\cos\varphi & f\\ 0 & 0 & 1\end{pmatrix}\cdot\begin{pmatrix}x\\y\\1\end{pmatrix}.$$

分形图形生成的关键在于 IFS 码的求取，IFS 码的求取依据拼贴定理完成，其算法可分为确定性算法和随机性算法两种．按照(1)式决定的 6 参数仿射变换称为确定性算法，是把一个图形分成若干拼贴子图，如图 13.3 所示的 W_1、W_2、W_3、W_4 等，每一部分都可看作是原图在不同仿射变换下的复制品，这若干部分拼贴起来覆盖原图形．而随机性算法是在原来的 IFS 中增加一组伴随概率 P_n，也称为带概率的迭代函数系统．这样，W_n 的 6 个仿射变换系数(a，b，c，d，e)和其伴随概率 P_n 便构成了 IFS 算法最关键的部分——IFS 码．图 13.3 演示了一片蕨叶 IFS 码的生成过程．

设蕨叶的 IFS 为$\{R^2; W_1, W_2, W_3, W_4\}$，原始矩阵经过仿射变换，生成了枝 W_1、左叶 W_2、右叶 W_3、中间片 W_4 等 4 个拼贴子图，这决定了蕨叶有 4 个 IFS 码．

IFS 码应用举例

下面三个图(图 13.4)均用 IFS 方法生成，其 IFS 码见表 13.1、表 13.2、表 13.3.

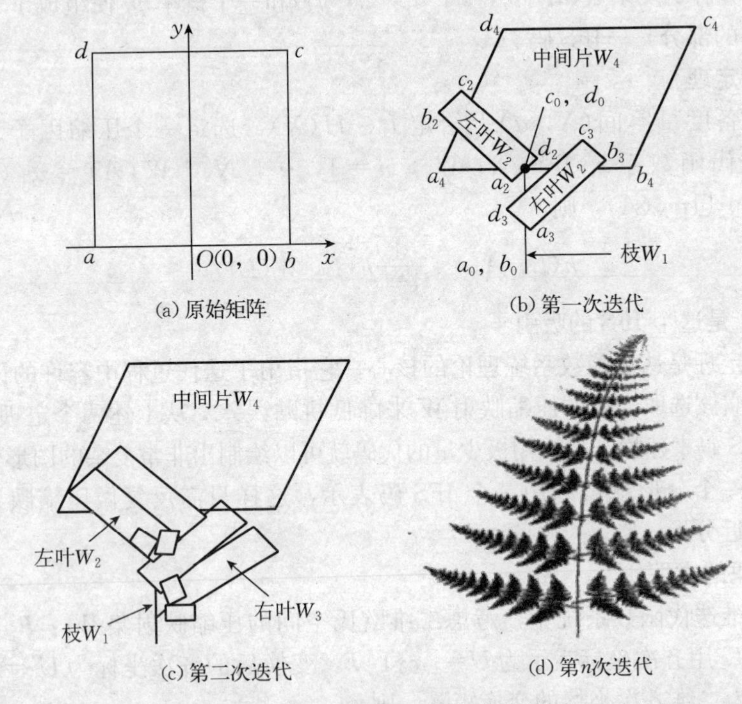

图 13.3　蕨叶 IFS 的生成过程

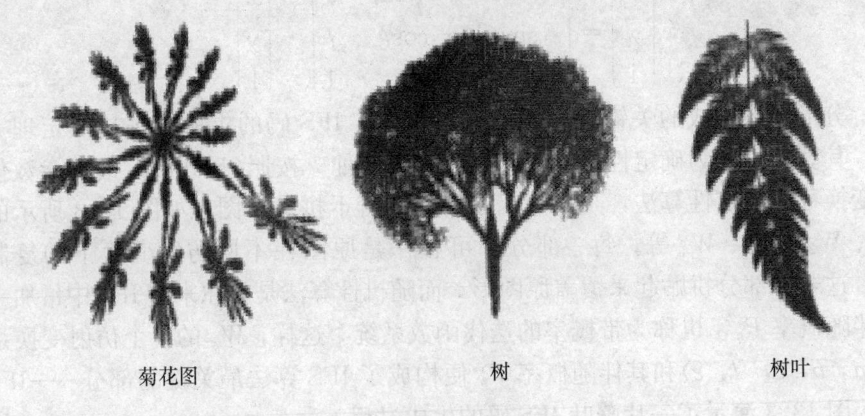

图 13.4　IFS 方法生成图

表 13.1　菊花图的 IFS 码

i	A_i	B_i	C_i	D_i	E_i	F_i	P_i
1	0.745456	−0.4590901	0.400061	0.887121	1.400279	0.091072	0.912676
2	−0.424242	−0.065152	−0.175758	−0.218182	3.809567	6.741476	0.087325

表 13.2　树的 IFS 码

i	A_i	B_i	C_i	D_i	E_i	F_i	P_i
1	−0.04	0	−0.19	−0.47	−0.12	0.3	0.25
2	0.65	0	0	0.56	0.06	1.56	0.25
3	0.41	0.46	−0.39	0.61	0.46	0.4	0.25
4	0.52	−0.35	0.25	0.74	−0.48	0.36	0.25

表 13.3　树叶的 IFS 码

i	A_i	B_i	C_i	D_i	E_i	F_i	P_i
1	0	0	0	0.16	0	0	0.01
2	0.85	0.04	−0.04	0.85	0	1.6	0.85
3	0.2	−0.26	0.22	0.22	0	1.6	0.07
4	−0.15	0.28	0.26	0.24	0	0.44	0.07

13.3.3　实验内容

1. 基于 MATLAB 软件按以上 IFS 原理与方法制作不同的植物图形.
2. 写出详细的程序过程，并添加详细的程序注释.
3. 尝试用 C 语言或其他程序语言处理以上实验内容.

13.3.4　实验仪器

MATLAB 软件、C 语言、计算机.

13.3.5　实验步骤和结果分析

按实验内容编写实验步骤，通过实验写出实验结果并进行分析，最后撰写实验报告.

13.3.6　收获与思考

读者完成.

13.4　分形维数——盒维数的计算

实验类型为验证设计性实验；实验学时为四学时.

13.4.1　实验目的

1. 理解分形维数定义，盒维数计算原理与方法.
2. 利用 MATLAB 软件实现常见分形集的盒维数计算.
3. 利用其他编程软件实现以上实验，如 C 语言.

13.4.2 实验理论与方法

盒维数(Box Dimension)易于数学计算和实验测量，所以盒维数是一种普遍使用的维定义．也有其他的名称，如度量维、信息维、Kolmogorov 熵、容量维等．

定义：设 F 是 $\boldsymbol{R}^n$ 中任一非空有界子集，记 $N(F,\delta)$表示最大直径为 δ 且能覆盖 F 的集合的最小数，则 F 的上下盒维数定义为

$$\overline{\dim}_B F=\overline{\lim_{\delta\to 0}}\frac{\ln N(F,\delta)}{\ln(1/\delta)}\text{与}\underline{\dim}_B F=\underline{\lim_{\delta\to 0}}\frac{\ln N(F,\delta)}{\ln(1/\delta)}.$$

如果上下维数相等，则 F 的盒维定义为 $\dim_B F=\lim\limits_{\delta\to 0}\dfrac{\ln N(F,\delta)}{\ln(1/\delta)}$，其中上下极限定义为

$$\overline{\lim_{\delta\to 0}}f(\delta)=\lim_{\delta\to 0}\sup\{f(\delta):0<\delta<r\},\quad \underline{\lim_{\delta\to 0}}f(\delta)=\lim_{\delta\to 0}\inf\{f(\delta):0<\delta<r\}.$$

盒维数在实际应用中，$N(F,\delta)$有不同的取法．通常有如下 5 种形式．

1. 覆盖 F 的半径为 δ 的最小闭球数．
2. 覆盖 F 的半径为 δ 的最小立方块数．
3. 相交于 F 的 δ 网格数．
4. 覆盖 F 的直径至多为 δ 的最小集合数．
5. 球心在 F 中半径为 δ 的相互不交球的最大数．

分维的实验测量既可基于定义也可基于下述两定理．

定理 1 设 $A\in H(X)$，其中(X,d)是度量空间，$\varepsilon_n=cr^n$，式中 $0<r<1$，$c>0$ 和 $n=1,2,3,\cdots$，如果 $D=\lim\limits_{n\to\infty}\dfrac{\ln N(A,\varepsilon_n)}{\ln\left(\dfrac{1}{\varepsilon_n}\right)}$，则 A 具有分维 D.

注：实际运用时，可以让 r 为任意数，比如说 1/3. 当 $X=\boldsymbol{R}^m$，$r=1/2$ 且 $c=1$ 时，就是著名的计盒定理．

定理 2(计盒定理) 设 $A\in H(\boldsymbol{R}^m)$，其中用到了 Euclid 度量，$\boldsymbol{R}^m$ 被边长为$\dfrac{1}{2^n}$的方盒子所覆盖，记 $N_n(A)$表示相交于吸引子边长为$\dfrac{1}{2^n}$的方盒子数目，如果 $D=\lim\limits_{n\to\infty}\dfrac{\ln N_n(A)}{\ln(2^n)}$，则 A 具有分维 D.

13.4.3 实验内容

1. 基于 MATLAB 软件按以上原理与方法计算 Koch 曲线、Sierpinski 三角形等的盒维数．
2. 写出详细的程序过程，并添加详细的程序注释．
3. 尝试用 C 语言或其他程序语言处理以上实验内容．

13.4.4　实验仪器

MATLAB 软件、C 语言、计算机.

13.4.5　实验步骤和结果分析

按实验内容编写实验步骤，通过实验写出实验结果并进行分析，最后撰写实验报告.

13.4.6　收获与思考

读者完成.

第 14 章　数学物理方法

数学物理方程是数学系本科各专业必修的专业课．数学物理方程来源于实际，是为解决典型的物理问题而逐步发展起来的一门交叉学科．随着学科的发展和应用的需要，数学物理方程的内容也在不断发展和丰富．数学物理方程实验课主要是用 MATLAB 求解一些物理方程问题，例如一些常用函数的使用、一些特殊偏微分方程的求解及偏微分方程组的求解．通过用 MATLAB 实际操作，解决具体的方程问题，可以让学生熟悉 MATLAB 软件的应用，更好地理解所学方程的意义，而且还可以提高学生的动手操作能力．

14.1　傅里叶级数与傅里叶变换

实验类型为基础演示性实验；实验学时为四学时．

14.1.1　实验目的

1. 掌握快速傅里叶变换．
2. 掌握利用勒让德函数的母函数公式画图．
3. 掌握贝塞尔函数的母函数公式画图．

14.1.2　实验理论与方法

1. 傅里叶变换公式

$$F(\omega)=\frac{1}{\sqrt{2\pi}}\int_{-\infty}^{+\infty}f(x)\mathrm{e}^{-\mathrm{i}\omega x}\mathrm{d}x.$$

2. 勒让德函数的母函数公式

$$\frac{1}{\sqrt{1-2r\cos\theta+r^2}}=\sum_{l=0}^{+\infty}r^lP_l(\cos\theta)\qquad(r<1),$$

$$\frac{1}{\sqrt{1-2r\cos\theta+r^2}}=\sum_{l=0}^{+\infty}\frac{1}{r^{l+1}}P_l(\cos\theta)\qquad(r>1).$$

3. 贝塞尔函数的母函数公式

$$\mathrm{e}^{\frac{x}{2}\left(z-\frac{1}{z}\right)}=\sum_{m=-\infty}^{+\infty}J_m(x)z^m\qquad(0<|z|<+\infty).$$

14.1.3　实验内容

1. 利用 FFT 给出下列二维矩形函数

$$f(t)=\begin{cases}H, & -\frac{\tau}{2}\leqslant t\leqslant\frac{\tau}{2},\ -\frac{a}{2}\leqslant x\leqslant\frac{a}{2},\\ 0, & \text{其他}\end{cases}$$

的快速傅里叶变换.

2. 利用 MATLAB 画图软件画出勒让德母函数公式两个等式两边在第一象限的图形.

3. 利用 MATLAB 画图软件画出贝塞尔母函数公式图.

14.1.4　实验仪器

计算机和 MATLAB 软件.

14.1.5　实验步骤和结果分析

按实验内容编写实验步骤，通过实验写出实验结果并进行分析，最后撰写实验报告.

14.1.6　收获与思考

读者完成.

14.2　一般偏微分方程组(PDEs)的 MATLAB 求解

实验类型为基础演示性实验；实验学时为六学时.

14.2.1　实验目的

1. 了解 MATLAB 软件求解一般偏微分方程组的命令.

2. 掌握一般偏微分方程的边界条件、初值条件的输入方法.

3. 掌握一般偏微分方程的输出参数.

4. 会用 MATLAB 软件求解一般的偏微分方程组.

14.2.2　实验理论与方法

1. MATLAB 提供 pdede 函数可以求解一般的偏微分方程组，其调用格式如下：

sol=pdepe(m，@pdefun，@pdeic，@pdebc，x，t)

2. @pdefun：是 PDE 的问题描述函数，它必须换成标准形式，如

$$c\left(x,\ t,\ u,\ \frac{\partial u}{\partial x}\right)\frac{\partial u}{\partial t}=x^{-m}\frac{\partial}{\partial x}\left(x^{m}f\left(x,\ t,\ u,\ \frac{\partial u}{\partial x}\right)\right)+s\left(x,\ t,\ u,\ \frac{\partial u}{\partial x}\right),$$

就可以编写下面的入口函数

[c，f，s]=pdefun(x，t，u，du)

m，x，t 就是对应于上式中相关参数，du 是 u 的一阶导数，由给定的输入变量即可表示出 c，f，s 这三个函数.

3. @pdebc：是 PDE 的边界条件描述函数，必须先化为下面的形式，如

$$p(x,\ t,\ u)+q(x,\ t)f\left(x,\ t,\ u,\ \frac{\partial u}{\partial x}\right)=0,$$

边值条件可以编写下面函数描述为

[pa，qa，pb，qb]=pdebc(x，t，u，du)

其中 a 表示下边界，b 表示上边界.

4. @pdeic：是 PDE 的初值条件，必须化为下面的形式，如 $u(x, t_0)=u_0$.

初值条件可以用下面的简单的函数来描述为

u0=pdeic(x)

m，x，t：就是对应于方程中相关参数.

5. sol：是一个三维数组，sol(:,:,i)表示 ui 的解，换言之 uk 对应 x(i) 和 t(j)时的解为 sol(i，j，k).

通过 sol，我们可以使用 pdeval()直接计算某个点的函数值.

14.2.3 实验内容

1. 练习下面指令，写出每个指令的作用.

sol=pdepe(m，@pdefun，@pdeic，@pdebc，x，t).

2. 练习把下面的 PDE 方程组

$$\begin{cases} u_t=400u_{xx}, \\ u(x, t)|_{x=0}=u(x, t)|_{x=40}=0, \\ u(x, t)|_{t=0}=\varphi(x) \end{cases}$$

的方程函数、初始条件、边界条件转化成标准形式，并进行求解画图.

3. 试通过给出的 pdede 函数调用格式求解下面的偏微分程组

$$\begin{cases} \dfrac{\partial u_1}{\partial t}=0.024\dfrac{\partial^2 u_1}{\partial x^2}-F(u_1-u_2), \\ \dfrac{\partial u_2}{\partial t}=0.17\dfrac{\partial^2 u_2}{\partial x^2}-F(u_1-u_2), \end{cases}$$

其中 $F(x)=\mathrm{e}^{5.73x}-\mathrm{e}^{-11.46x}$，且满足初始条件 $u_1(x, 0)=1$，$u_2(x, 0)=0$ 及边界条件 $\dfrac{\partial u_1}{\partial x}(0, t)=0$，$u_2(0, t)=0$，$u_1(1, t)=1$，$\dfrac{\partial u_2}{\partial x}(1, t)=0$.

14.2.4 实验仪器

计算机和 MATLAB 软件.

14.2.5 实验步骤和结果分析

按实验内容编写实验步骤，通过实验写出实验结果并进行分析，最后撰写实验报告.

14.2.6 收获与思考

读者完成.

14.3 pdetool 求解特殊偏微分方程(PDE)的问题

实验类型为基础演示性实验；实验学时为六学时.

14.3.1　实验目的

1. 掌握 MATLAB 软件求解特殊偏微分方程的命令 pdetool.
2. 掌握偏微分方程的求解区域的绘制.
3. 掌握一般偏微分方程的边界条件、初值条件的设置及输入方法.
4. 掌握一般偏微分方程的输出参数.
5. 会用 MATLAB 软件将求解结果画图.

14.3.2　实验理论与方法

计算机求解偏微分方程的类型分为如下 4 类：

椭圆型方程：$-\nabla\cdot(c\nabla u)+au=f$；

抛物型方程：$d\dfrac{\partial u}{\partial t}-\nabla\cdot(c\nabla u)+au=f$；

双曲型方程：$d\dfrac{\partial^2 u}{\partial t^2}-\nabla\cdot(c\nabla u)+au=f$；

特征值问题：$-\nabla\cdot(c\nabla u)+au=\lambda du$.

下面介绍直接使用图形用户界面(Graphical User Interface，简记作 GUI)求解偏微分方程.

1. 在指令窗口中，输入 pdetool 出现如图 14.1 所示的对话框，选择 PDE 菜单中的 PDE Mode 进入 PDE 模式，再点击 PDE 菜单中的 PDE Secification 选定求解微分方程类型(双曲线、抛物线、椭圆、特殊值型)并设定参数(注：

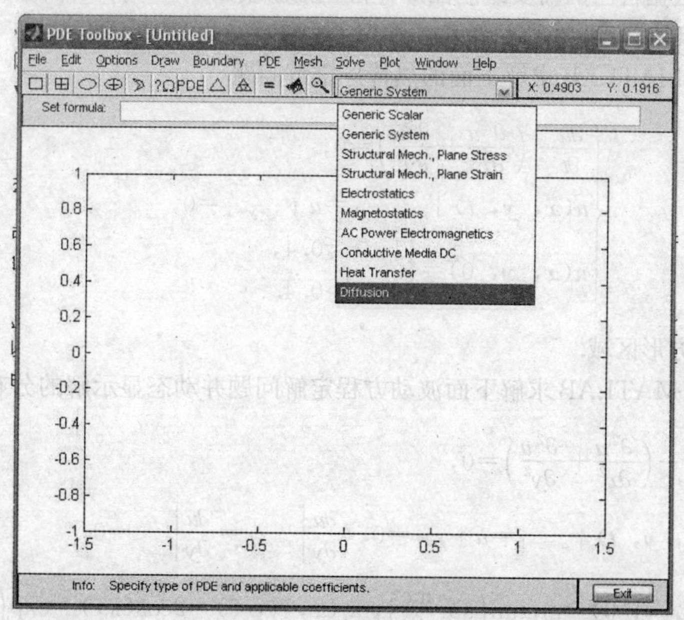

图 14.1　图形用户界面

椭圆型偏微分方程的系数可以是常数或者是函数，但对于抛物线和双曲线型偏微分方程 4 个系数必须是常数，否则无法求解).

2. 打开偏微分方程工具箱界面，选择菜单 Options/Axes Limits，打开对话框画出方程的求解区域，进一步选择菜单 Options/Grid 在区域内画出网格.

3. 边界条件和初值条件设置

一般在 PDE 中边界条件包括 Dirichlet(狄利克莱)条件和 Neumann(纽曼)条件两种. 初值条件可以通过【Solve】→【Parameters…】设置. 边值条件设置如下：

(1) 点击工具栏的第 5 个按钮【区域边界】.

(2)【Boundary】→【Remove All Subdomain Borders】移除所有子域的边界，将得到所有子域合并成一个求解域.

(3)【Boundary】→【Secify Boundary Conditons…】输入边界条件.

4. 生成使用有限元方法求解方程所需的栅格

选择 Mesh 菜单中的 Initialize Mesh 命令进行网格剖分，选择 Mesh 菜单中的 Refine Mes 命令进行网格密集化.

5. 求解方程并将结果可视化

选择 Solve 命令求解方程，选择 Plot 命令绘制图形，Plot 里面的选项很多，可以根据自己的需要绘制图形，甚至播放动画.

14.3.3 实验内容

1. 用 MATLAB 求解下面的热传导定解问题

$$\begin{cases} \dfrac{\partial u}{\partial t}-\left(\dfrac{\partial^2 u}{\partial x^2}+\dfrac{\partial^2 u}{\partial y^2}\right)=0, \\ u(x,\ y,\ t)\mid_{x=y=-1}=u\mid_{x=y=1}=0, \\ u(x,\ y,\ 0)=\begin{cases}1,\ r\leqslant 0.4, \\ 0,\ r>0.4.\end{cases} \end{cases}$$

求解域是方形区域.

2. 用 MATLAB 求解下面波动方程定解问题并动态显示解的分布

$$\begin{cases} \dfrac{\partial^2 u}{\partial t^2}-\left(\dfrac{\partial^2 u}{\partial x^2}+\dfrac{\partial^2 u}{\partial y^2}\right)=0, \\ u(x,\ y,\ t)\mid_{x=-1}=u\mid_{x=1}=0,\ \left.\dfrac{\partial u}{\partial y}\right|_{y=-1}=\left.\dfrac{\partial u}{\partial y}\right|_{y=1}=0, \\ u(x,\ y,\ 0)=\arctan\left(\sin\dfrac{\pi x}{2}\right),\ u_t(x,\ y,\ 0)=2\cos(\pi x)\cdot\exp\left(\cos\dfrac{\pi x}{2}\right), \end{cases}$$

求解域是方形区域.

14.3.4　实验仪器

计算机和 MATLAB 软件．

14.3.5　实验步骤和结果分析

按实验内容编写实验步骤，通过实验写出实验结果并进行分析，最后撰写实验报告．

14.3.6　收获与思考

读者完成．

第 15 章　国际金融学

国际金融是一种跨国金融活动，主要表现为国家之间货币资本的周转与流通，国际金融学是关于国际金融活动有关问题的一门学科．具体到一个国家，就是宏观经济需要内部均衡与外部平衡，国际金融学就是从货币角度研究如何实现内部均衡与外部平衡问题的一门学科．通过学习和掌握国际金融学的基本知识和数学实验，学生可以进一步了解国际金融状况，掌握和应用理论知识解决实际问题．

15.1　国际金融与国际收支

实验类型为建模探究性实验；实验学时为四学时．

15.1.1　题目及叙述

1. 试讨论并深刻领悟中国作为发展中的大国，其资源、人口、发展方式等特征，并讨论这些特征对国际金融学研究对象可能会带来怎样的影响?

2. 什么叫国际收支？国际收支平衡表的编制原则是什么？

3. 国际收支平衡表的账户分类，其各账户之间是什么关系？

4. 给下面的甲国资料，编制国际收支平衡表．

(1) 甲国企业出口价值 100 万美元的设备，所得收入存入银行．

(2) 甲国居民到外国旅游花销 1 万美元，该居民用国际信用卡支付了该款项，并在回国后用自己的外汇存款偿还．

(3) 外商以价值 1000 万美元的设备投入甲国，兴办合资企业．

(4) 甲国政府动用外汇库存 40 万美元向外国提供无偿援助，另提供相当于 60 万美元的粮食药品援助．

(5) 甲国某企业在海外投资所得利润 150 万美元．其中 75 万美元直接用于当地的再投资，75 万美元调回国内向中央银行结售，换得本币后，将相当于 50 万美元的本币用于股东分红，将相当于 25 万美元的本币用于购买国产设备后重新投资于国外企业．

(6) 甲国居民动用外汇存款 40 万美元购买外国某公司的股票．

(7) 甲国居民通过劳务输出取得收入 5 万美元，并将收入汇回国内，存入银行．

(8) 甲国某公司在海外上市，获得 100 万美元的资金，甲国公司将融资所得现金结算成本币．

5. 国际收支不平衡的口径有哪些？

6. 国际收支不平衡的原因有哪些？

7. 国际收支不平衡的调节方式和常用的调节工具有哪些？

8. 调节国际收支的几种主要路径及其条件．

15.1.2　前言

了解国际金融的研究范畴，国际收支是国际金融学当中最基本最重要的概念，是整本书的理论基础．国际金融作为一个学科可以分为两个构成部分：国际金融学（理论、体制与政策）和国际金融实务．前者包括：国际收支、外汇与汇率、外汇管理、国际储备、国际金融市场、国际资本流动、国际货币体系、地区性的货币一体化以及国际金融协调和全球性的国际金融机构等．后者的内容则包括：外汇交易（包括国际衍生产品交易）、国际结算、国际信贷、国际证券投资和国际银行业务与管理等．本门课程重点讨论国际金融学的基本知识.

15.1.3　实验理论与方法

参看姜波克《国际金融新编》教材第 1、2 章，理解国际金融研究范畴、国际收支的概念及其相关知识．由于各国的历史、社会制度、经济发展水平各不相同，它们在对外经济、金融领域采取的方针政策有很大差异，这些差异有时会导致十分激烈的矛盾和冲突．国际金融由国际收支、国际汇兑、国际结算、国际信用、国际投资和国际货币体系构成，它们之间相互影响，相互制约. 譬如，国际收支必然产生国际汇兑和国际结算；国际汇兑中的货币汇率对国际收支又有重大影响；国际收支的许多重要项目同国际信用和国际投资直接相关．基于国际收支的复杂性，请大家结合实际回答 15.1.1 节中的问题．

15.1.4　实验仪器

计算机、Office 软件、网上参考资料．

15.1.5　实验步骤和结果分析

按实验内容编写实验步骤，通过实验写出实验结果并进行分析，最后撰写实验报告．

15.1.6　收获与思考

读者完成．

15.2　外汇与汇率

实验类型为建模探究性实验；实验学时为四学时．

15.2.1　题目及叙述

1. 什么是外汇？在我国外汇包含哪些具体内容？

2. 汇率的定义，汇率的表示方法是什么?

3. 汇率的种类有哪些?

4. 什么是规律决定的购买力平价理论? 什么是利率平价理论?

5. 弹性价格货币分析法与黏性价格货币分析法.

6. 讨论本币贬值对本国贸易条件的影响.

15.2.2 前言

外汇、汇率作为国际金融学当中最重要的两个定义，外汇的概念具有双重含义，即有动态和静态之分. 外汇的动态概念，是指把一个国家的货币兑换成另外一个国家的货币，借以清偿国际间债权、债务关系的一种专门性的经营活动. 它是国际间汇兑的简称. 外汇的静态概念，是指以外国货币表示的可用于国际之间结算的支付手段. 这种支付手段包括以外币表示的信用工具和有价证券，如：银行存款、商业汇票、银行汇票、银行支票、外国政府库券及其长短期证券等. 人们通常所说的外汇，一般都是就其静态意义而言. 外汇对国内金融和国际金融有着举足轻重的影响，对实际问题的分析也十分重要，因此必须牢牢把握.

15.2.3 实验理论与方法

参看姜波克《国际金融新编》教材第3章，理解外汇、汇率的概念及其相关知识，结合实际回答本实验的问题.

15.2.4 实验仪器

计算机、Office 软件、网上参考资料.

15.2.5 实验步骤和结果分析

按实验内容编写实验步骤，通过实验写出实验结果并进行分析，最后撰写实验报告.

15.2.6 收获与思考

读者完成.

15.3 汇率

实验类型为建模探究性实验；实验学时为四学时.

15.3.1 题目及叙述

1. 已知 1＄＝5.6750FFr，1￡＝1.6812＄，试计算 1￡等于多少 FFr?

2. 已知 1＄＝5.6740/5.6760FFr，1＄＝7.7490/7.7500HK＄，试计算 1HK＄等于多少 FFr? 1FFr 等于多少 HK＄?

3. 已知 1＄＝1.6917/1.6922DM，1￡＝1.6808/1.6816＄，试计算 1￡等于多少 DM? 1DM 等于多少￡?

4. 在伦敦外汇市场上，美元即期汇率为 1￡＝1.5500＄，一月期美元升水

300 点，二月期美元贴水 400 点．试计算一个月期及二个月期美元与英镑的远期汇率．

5. 某日纽约外汇市场外汇报价为

即期汇率：1＄＝7.2220/7.2240FFr；

六月期远期汇率 FFr 升水：200～140；

九月期远期汇率 FFr 贴水：100～150.

试计算美元与法郎的六月期和九月期远期汇率．

6. 假设日本市场年利率为 3%，美国市场年利率为 6%，USD/JPY＝129.50/00. 为了谋取利差，一日本投资者欲将 1.3 亿日元转到美国市场投资一年．如果一年后市场汇率不变，仍为 USD/JPY＝129.50/00，试比较该投资者套利与不套利的区别．

7. 在某一时间，苏黎世、伦敦、纽约三地外汇市场出现下列行情：

苏黎世：£1＝SF2.2600/2.2650；

伦敦：£1＝＄1.8670/1.8680；

纽约：＄1＝SF1.1800/1.1830.

试问，是否存在套利机会？如果有，如何实现套利？盈利是多少？

15.3.2　前言

汇率：两种不同货币之间的折算比价，也就是以一种货币表示另一种货币的价格．汇率问题涉及较多的计算，通过本次实验，进一步掌握分析国内和国际金融实际问题的技巧和方法．

15.3.3　实验理论与方法

参看姜波克《国际金融新编》教材第 3 章，理解有关汇率的各种计算问题，结合实际回答本实验的问题．

15.3.4　实验仪器

计算机、Office 软件、网上参考资料．

15.3.5　实验步骤和结果分析

按实验内容编写实验步骤，通过实验写出实验结果并进行分析，最后撰写实验报告．

15.3.6　收获与思考

读者完成．

15.4　内部均衡和外部平衡的短期和中长期调节

实验类型为建模探究性实验；实验学时为四学时．

15.4.1　题目及叙述

1. 从短期、中期、长期分析总需求变动与总供给变动之间的关系．

2. 国际收支调节政策可以分为几类？它们之间的互补和替代关系如何？

3. 根据蒙代尔—弗莱明模型，在资本完全不流动且汇率浮动的情况下，当出现国际收支顺差时，国际收支不平衡通过什么途径调节？在资本完全流动且汇率固定的情况下又是如何调节的呢？两种情况下发挥作用的机制分别是什么？

4. 西方政策搭配理论的调节理论有什么不足之处？

5. 要素规模缺口、技术进步缺口与资源供应缺口、资源需求缺口之间有什么区别和联系？

6. 贬值导致本国产业结构低端化的理论前提是什么？这一前提和中国国情是否相容？

15.4.2 前言

国际金融学的研究对象是总供给与总需求相等和经济可持续增长条件下的外部平衡，主要工作变量是汇率，最终我们要研究的还是国内经济均衡与外部平衡的问题．本次实验我们重点研究内部均衡和外部平衡的调节问题，这才是我们研究国际金融学的最主要目的．

15.4.3 实验理论与方法

参看姜波克《国际金融新编》教材第 4、5 章，深刻理解有关内部均衡和外部平衡的概念，以及内部均衡和外部平衡发生矛盾和冲突的原理，掌握西方经济学家建立的同时实现内、外均衡所需要的调节方法和调节原理，最后以汇率政策为主要手段，以中国国情为基础，研究内部均衡和外部平衡框架下汇率水平的决定和调节，请结合实际回答本实验的问题．

15.4.4 实验仪器

计算机、Office 软件、网上参考资料．

15.4.5 实验步骤和结果分析

按实验内容编写实验步骤，通过实验写出实验结果并进行分析，最后撰写实验报告．

15.4.6 收获与思考

读者完成．

第 16 章　金融工程

金融工程是一门新兴交叉学科，它将“工程学”的思想巧妙地运用到金融产品的设计与开发中，是一门理论与实践相结合的课程，具有很强的应用性．本课程主要内容包括金融衍生产品的介绍、衍生产品的定价原理和方法等．通过本课程的实验学习，可以使学生熟练掌握远期、期货、期权、互换等衍生金融产品的含义、市场运作、交易策略等基础知识；使学生能够熟练掌握远期、期货、期权、互换等基础性衍生金融产品以及由此进一步衍生的简单结构性产品的定价方法，并能较熟练地加以应用；使学生能初步掌握一定的技术能力，学会运用一些金融技术和基本软件，进行基础的金融分析、计算、设计、定价和风险管理工作等，本课程使用 Excel 软件来演示和实验．

16.1　远期合约的定价

实验类型为验证设计性实验；实验学时为四学时．

16.1.1　实验目的

1. 了解 Excel 软件的基本操作与命令．

2. 掌握各种不同标的资产的远期合约定价过程．

3. 掌握资产现值和远期合约价值的关系．

4. 会利用规划求解研究远期合约价值为零时的现货(或交割)价格．

16.1.2　实验理论与方法

1. 远期合约定价的基本假设

(1) 市场上的参与者都能以相同的无风险利率借入和贷出资金．

(2) 在交易过程中，为简便起见，假定没有交易费用和税收．

(3) 在远期交易中，允许对现货卖空．

(4) 在交易过程中，不考虑违约的风险．

(5) 当市场上出现套利机会时，参与者将积极参与套利活动，直到套利机会消失．

2. 各种不同标的资产状态下远期合约的价值计算

(1) 无收益资产远期合约多头的价值公式为：$f=S-Ke^{-r(T-t)}$．

(2) 支付已知现金收益资产远期合约多头的价值公式为：$f=S-I-Ke^{-r(T-t)}$．

（3）支付已知收益率资产远期合约多头的价值公式为：$f=Se^{-q(T-t)}-Ke^{-r(T-t)}$.

3. 各种状态资产远期合约的定价

（1）无收益资产远期合约的定价公式为：$F=Se^{r(T-t)}$.

（2）支付已知现金收益资产远期合约的定价公式为：$F=(S-I)e^{r(T-t)}$.

（3）支付已知收益率资产远期合约的定价公式为：$F=Se^{(r-q)(T-t)}$.

以上公式中，f 表示远期合约多头的价值；F 表示理论的远期价格；S 表示标的资产现货的价格；K 为远期合约中一份资产的交割价格；r 表示从当天时刻 t 到未来时刻 T 期间的无风险连续年复利；I 为现金收益的现值；q 为标的资产的已知收益率．

16.1.3 实验内容

1. 假设一份标的资产为二年期贴现债券、剩余期限为半年的远期合约多头，其交割价格 K 为 800 美元，已知该债券的现价 S 为 650 美元，并且半年期的无风险连续年复利率 r 为 5%.

（1）试计算该远期合约多头的价值 f.

（2）当债券的现价 S 从 600 美元变化到 1000 美元(间隔为 50)时，试作出 f 与 S 的关系图．

（3）利用规划求解求出债券的现价 S 为 650 美元时，合理的远期交割价格．

2. 已知一种五年期债券现货价格 S 为 900 美元，该债券一年期远期合约的交割价格 K 为 950 美元，该债券在半年后和一年后都将收到 50 美元的利息，且第二次付息日在远期合约交割日之前，假设半年期和一年期的无风险连续年复利率分别为 5%和 8%.

（1）试计算该远期合约多头的价值 f.

（2）利用规划求解求出债券的现价 S 为 800 美元时，合理的远期交割价格 K.

16.1.4 实验仪器

计算机、Excel 软件．

16.1.5 实验步骤和结果分析

按实验内容编写实验步骤，通过实验写出实验结果并进行分析，最后撰写实验报告．

16.1.6 收获与思考

假设沪深 300 指数现在的点数为 2300 点，该指数所含股票的红利收益率预计为每年 4%(连续复利)，3 个月期 S&P500 指数期货的市价为 2380 点，连续复利的无风险利率为 8%，求该期货合约的价值以及理论上的期货价格(用规划求解).

16.2 货币互换的设计与定价

实验类型为验证设计性实验；实验学时为四学时．

16.2.1　实验目的

1. 了解 Excel 软件中利用滚动条实现利率和互换期限的动态调整．

2. 掌握货币互换的设计原理及定价原理．

3. 掌握货币互换设计的流程．

4. 会利用远期外汇协议的组合和债券组合为货币互换定价．

16.2.2　实验理论与方法

1. 货币互换的设计

货币互换是指双方同意在未来的一定期限内将一种货币的本金和固定利息与另一种货币的等价本金和固定利息进行交换的合约．在货币互换中，交易双方在期初和期末均需按照约定的汇率，交换不同货币的本金，在货币互换存续期间，还要定期交换不同货币的固定利息．货币互换的设计步骤如下：

第一步：根据双方的特征确定货币互换的方向；第二步：如果有金融机构作为中间人，还需要考虑金融机构的佣金；第三步：确定双方获得的互换收益，通常情况下，假定双方均分互换获得的收益．

2. 货币互换的定价

（1）运用债券组合定价．货币互换可以看做是一份甲币债券和一份乙币债券的组合．

对于付出甲币的现金流同时收取乙币现金流的一方而言，货币互换的价值为

$$V_{互换}=B_{乙}-S_0B_{甲},$$

其中，$B_{乙}$是从货币互换中分解出来的乙币债券的价值，$B_{甲}$是从货币互换中分解出来的甲币债券的价值，S_0是即期汇率．

（2）运用远期外汇协议为货币互换定价．对于付出甲币的现金流同时收取乙币现金流的一方而言，货币互换的价值为

$$V_{互换}=\sum_{i=1}^{n}(F_{收息}-F_{付息}\overline{R}_i)e^{-r_{甲}i}+(F_{收本}-F_{付本}\overline{R}_n)e^{-r_{甲}n},$$

其中，$\overline{R}_i=S_0e^{(r_{乙}-r_{甲})i}$，$r_{甲}$、$r_{乙}$分别是甲乙两币的连续复利率，$S_0$是即期汇率.

16.2.3　实验内容

A、B 两公司由于信用等方面的差异，面临如表 16.1 所示的借款利率，A 公司需要借入 5 年期的 1000 万英镑借款，B 公司需要借入 5 年期的 1600 万美元借款，假定英镑和美元的即期汇率为 1 英镑＝1.6 美元．如果某金融机构为它们安排了此笔货币互换，但要至少赚取 0.2%的利差，且 A、B 在互换中均分互换收益，则（1）该互换为 A、B 两公司共节约多少利率？（2）在互换中两公司分别支付多少利率？（3）计算该笔互换的价值(用两种方法).

表 16.1　实验数据表

	美元利率	英镑利率
A公司	6%	10%
B公司	8%	10.4%

16.2.4　实验仪器

计算机、Excel 软件．

16.2.5　实验步骤和结果分析

按实验内容编写实验步骤，通过实验写出实验结果并进行分析，最后撰写实验报告．

16.2.6　收获与思考

假设在一笔货币互换协议中，美元和日元的 LIBOR（伦敦同业拆借利率）利率分别为 6.2%和 2.1%，某金融机构在货币互换中每年收入利率为 3%的日元利息，同时付出利率为 6.5%的美元利息，日元和美元的本金分别为 130000 万日元和 1000 万美元．该笔互换还有 3 年的期限，每年交换一次利息，即期汇率 1 美元＝115 日元．

(1) 试利用债券组合的方法确定该笔互换对此金融机构的价值．

(2) 试利用远期汇率协议组合的方法确定该笔互换对此金融机构的价值．

16.3　利率互换的设计与定价

实验类型为验证设计性实验；实验学时为四学时．

16.3.1　实验目的

1. 了解 Excel 软件中 IF 函数命令的操作与嵌套．

2. 掌握利率互换的设计原理及定价原理．

3. 掌握利率互换设计的流程．

4. 会用债券组合或远期利率协议组合为利率互换定价．

16.3.2　实验理论与方法

1. 利率互换的设计

利率互换是指双方同意在未来的一定期限内根据同种货币的相同名义本金交换现金流，其中一方的现金流根据事先约定的某一浮动利率计算，而另一方的现金流则根据固定利率计算．进行利率互换的目的是为了在市场上进行信用套利，需要以下条件成立：

(1) 双方在两种资产或负债上存在比较优势，即市场上存在信用定价的差异．

（2）双方均对对方的资产或负债有需求．

2．利率互换的定价

（1）运用债券组合定价．对于收取固定利率，支付浮动利率的一方而言，利率互换的价值为

$$V_{互换}=B_{fix}-B_{float},$$

其中，$B_{fix}=\sum_{i=1}^{n}ke^{-r_it_i}+Ae^{-r_nt_n}$，$B_{fioat}=(A+k^*)e^{-r_1t_1}$．

（2）运用远期利率协议给利率互换定价．对于收取固定利息的交易方，FRA 的定价公式为

$$[Ae^{-r_K(T^*-T)}-Ae^{-r_F(T^*-T)}]e^{-r^*(T^*-t)},$$

其中 r_F 满足 $r_F(T^*-T)=r^*(T^*-t)-r(T-t)$，$r_K$ 在此处指利率互换中的固定利率．对于互换的另一方，利率互换的价值为其相反数．

16.3.3　实验内容

A、B 两公司由于信用等方面的差异，在市场上面临如表 16.2 所示的利率．已知 A 公司需要借入与浮动利率相关的贷款，而 B 公司需要借入固定利率的贷款，现有金融机构甲为它们安排了互换，但要至少赚取 0.1%的利差，假定 A、B 两公司在互换中均分互换所得的收益，则：

（1）该互换为 A、B 两公司共节约多少利率？

（2）在互换中两公司分别支付多少利率？

（3）该笔利率互换的价值(用两种方法分别计算，并针对结果进行说明)．

表 16.2　实验数据表

	浮动利率	固定利率
A 公司	LIBOR+1%	9%
B 公司	LIBOR+1.8%	10.6%

16.3.4　实验仪器

计算机、Excel 软件．

16.3.5　实验步骤和结果分析

按实验内容编写实验步骤，通过实验写出实验结果并进行分析，最后撰写实验报告．

16.3.6　收获与思考

假设在一笔利率互换协议中，某金融机构支付 3 个月期的 LIBOR 利率，同时收取 4.5%的年利率(3 个月计一次复利)，名义本金为 1000 万美元．互换还有一年的期限．已知 3 个月、6 个月、9 个月和 12 个月的 LIBOR 连续年复利率分别为 4.5%、4.8%、5%和 5.1%．

（1）运用债券组合的方法计算此笔利率互换对该金融机构的价值.

（2）运用远期利率协议组合的方法计算此笔利率互换对该金融机构的价值.

（3）比较上述两个结果，并说明.

16.4 Black - Scholes - Merton 期权定价模型

实验类型为验证设计性实验；实验学时为四学时.

16.4.1 实验目的

1. 了解 Excel 软件中期权定价模型的操作与命令.
2. 掌握 Black - Scholes - Merton 期权定价原理.
3. 掌握欧式看涨看跌期权定价公式.
4. 会用 Excel 计算期权的内在价值，并会计算期权的理论价格.

16.4.2 实验理论与方法

1. Black - Scholes - Merton 期权定价模型的基本假设

（1）在交易中，允许卖空现货证券.

（2）证券价格遵循几何布朗运动过程.

（3）在交易中不考虑交易费用和税收.

（4）市场是有效的，并且所有的证券完全可分.

（5）在市场交易中，不存在无风险的套利机会.

（6）在衍生证券有效期内，标的证券没有现金收益.

（7）无风险连续复利 r 是常数.

（8）所有证券的交易均是连续的，价格也是连续变动的.

2. Black - Scholes - Merton 期权定价公式

（1）欧式看涨期权的定价公式：$c=S\cdot N(d_1)-Xe^{-r(T-t)}\cdot N(d_2)$.

（2）欧式看涨看跌期权平价关系(pcp)：$c+Xe^{-r(T-t)}=p+S$.

（3）欧式看跌期权的定价公式：$p=Xe^{-r(T-t)}\cdot N(-d_2)-S\cdot N(-d_1)$.

其中，c 为欧式看涨期权的理论价格，p 为欧式看跌期权的理论价格，S 为标的证券的市场现货价格，$d_1=\dfrac{\ln(S/X)+(r+\sigma^2/2)(T-t)}{\sigma\sqrt{T-t}}$，$d_2=d_1-\sigma\sqrt{T-t}$，$X$ 为期权的执行价格，$T-t$ 为期权的存续期，σ 为标的证券的价格波动率，r 为 $T-t$ 期间的无风险连续年复利.

16.4.3 实验内容

1. 市场上有某种不支付红利的股票，在当前市场上的价格为 S，已知市场上的无风险连续年复利率 r 为 8%，该种股票的价格年化波动率 σ 为 15%，以该种股票为标的物的欧式期权的执行价格 X 为 45 元，期权的存续期限 $T-t$

为 1 年．

（1）当股票的现货价格从 35 元变化到 55 元时，试计算相应的欧式看涨期权和看跌期权的内在价值，并作出相应的欧式看涨期权和看跌期权内在价值的图形，针对图形加以说明．

（2）当股票的现货价格 $S=45$ 元时，计算相应的欧式看涨期权和看跌期权的理论价格．

（3）当股票的价格从 35 元变化到 55 元时，分别作出欧式看涨期权和看跌期权理论价格随市场上现货价格变化的图形，并进行解释．

2. 某一欧式股票看涨期权，已知其标的股票目前价格 S 为 40 元，股票在 2 个月及 5 个月后分别有一次红利支付．预计红利在第一个除息日为 1 元，第二个除息日为 1.5 元．期权的执行价格 X 为 40 元，期权的存续期限 $T-t$ 为 6 个月，股票价格的年化波动率 σ 为 30%，市场上的无风险连续年复利 r 为 6%. 试求

（1）该欧式看涨期权的理论价格，并分析其随股票现货价格的变化情况，并进行解释；

（2）若为欧式看跌期权的话，情况如何?

16.4.4　实验仪器

计算机、Excel 软件．

16.4.5　实验步骤和结果分析

按实验内容编写实验步骤，通过实验写出实验结果并进行分析，最后撰写实验报告．

16.4.6　收获与思考

1. 考虑一个美式股票看涨期权，已知股票在 5 个月及 11 个月后分别有一次红利支付．预计红利在每个除息日都为 1 元．股票目前价格 S 为 50 元，执行价格 X 为 50 元，股票价格年化波动率 σ 为 30%，无风险连续年复利率 r 为 6%. 试求该美式看涨期权的价格．

2. 已知某期货目前的市场价格 S 为 20 元，期货期权的期限 $T-t$ 为 3 个月，无风险连续年复利率 r 为 9%，期货价格的年化波动率 σ 为 25%，试计算相应的欧式看涨期权和看跌期权的理论价格，并尝试进行期权价格的敏感性分析．

第 17 章　计算智能与智能系统

研究人工智能和智能计算机的热潮正席卷全球，已成为举世瞩目的高新技术．计算智能是借助现代计算工具模拟人的智能机制、生命的演化过程和人的智能行为而进行信息获取、处理、利用的理论和方法．计算智能信息处理系统是以模型为基础，以仿生计算为特征，含数据、算法和实现的柔性交互式系统．本课程共开设 4 个实验，主要针对模糊控制系统、人工神经网络和遗传算法方面的理论进行仿真和算法实现．通过实验，学生能够更好地理解和掌握模糊逻辑、神经网络和遗传算法这三个计算智能的主要分支，从而对进一步研究计算智能、人工智能等高级信息处理，以及信息科学和工程技术都非常必要．

17.1　液位模糊控制系统

实验类型为基础演示性实验；实验学时为四学时．

17.1.1　实验目的

1. 理解并掌握模糊控制器的原理．

2. 掌握模糊控制器的 MATLAB 模拟操作．

17.1.2　实验理论与方法

1. 模糊控制器的原理

所谓模糊控制，就是对难以用已有规律描述的复杂系统，采用自然语言(如大、中、小)加以叙述，借助定性的、不精确的及模糊的条件语句来表达，模糊控制是一种基于语言的智能控制．

2. 模糊控制器的 MATLAB 模拟操作

(1) 模糊推理系统编辑器．打开模糊推理系统编辑器，在 MATLAB 的命令窗内键入 fuzzy 命令，弹出模糊推理系统编辑器界面．模糊推理系统默认 and 运算为 min，or 运算为 max，implication(蕴含)运算为 min，aggregation(多规则的并)运算为 max，defuzzification(解模糊)运算为 centroid(面积重心法)．通过下拉菜单可以选择其他方法，一般采用默认即可．

(2) 隶属度函数编辑器．该编辑器提供一个友好的人机图形交互环境，用来设计和修改模糊推理系统中各语言变量对应的隶属度函数的相关参数，如隶属度函数的形状、范围、论域大小等，系统提供的隶属度函数有三角形、梯形、高斯形等，用户也可以自行定义．双击所选 input，弹出一新界面，在左下 Range 处和 Display Range 处填入取值范围，例如[−1, 1]. 在右边文字输入 Name 处，填写隶属函数的名称，例如 NL. 在 Type 处选择 Gaussmf(意为高斯函数隶属函数曲线)，当然也可选择其他形状．在 Params(参数)处，选择高斯函数的两个参数(均值和方差)，这些值由设计者确定．

(3) 用命令行函数实现模糊逻辑系统．通过隶属度函数编辑器来设计和修改"IF…THEN"形式的模糊控制规则．设计者通过交互式的图形环境，选择相应的输出语言变量．在 Edit 菜单中选择 Rules，弹出一新界面 Rule Editor. 在底部的选择框内，选择相应的 IF…AND…THEN 规则，点击 Add rule 键，上部框内将显示相应的规则．

(4) 模糊逻辑工具箱仿真结果．模糊规则浏览器用于显示各条模糊控制规则对应的输入量和输出量的隶属度函数．通过指定输入量，可以直接地显示所采用的控制规则，以及通过模糊推理得到相应输出量的全过程，以便对模糊规则进行修改和优化．所有规则填入后，通过菜单 View，选择 Rules，会弹出新界面 Rule Viewer. 左右拉动界面中的两支红线，拉到欲选的近似值，右边图顶显示相应的输出结果．通过菜单 View，选择 Surface，会弹出新界面 Surface Viewer，即该结果的三维图．

17.1.3　实验内容

一个单容液位对象如图 17.1 所示，其输入流量为 Q_1，通过改变流入阀 F_1 的开度可以改变 Q_1 的大小，从而调节输入流量的大小．输出流量为 Q_2，它取决于用户的需要，其流量也可以进行调节．液位 h 的变化反映了流量 Q_1 和 Q_2 不相等，当 h 稳定在某个高度时，表明输入输出流量达到了动态平衡．

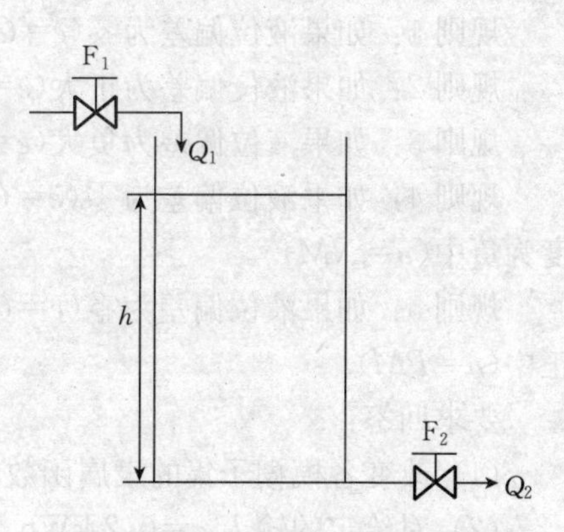

图 17.1　单容液位对象示意图

为分析简便，假设阀 F_2 的开度不变，只通过阀 F_1 的开度来调节液位的高低(即阀 F_1 的开度可以改变 Q_1 的大小，从而调节输入流量的大小).

1. 选择控制器的输入、输出

为了调节液位的高度，将液位的偏差 e 及其偏差率 de 作为输入量，将流入阀门的开度 u 作为输出控制量，并使用模糊语言来描述，如"正大"、"负大"等．

2. 变量的预处理

设液位偏差的论域范围为[−1，1]，液位偏差率的论域范围为[−0.1，0.1]. 如果实际参量不在相应的范围取值之内，则可以采取简单的尺度变换，将参量转到论域范围中来．同样，设控制量的论域范围为[−1，1]，则实际的控制量将由此控制论域的范围进行变换输出．

3. 模糊控制器设计

在液位偏差的论域[−1，1]上，定义三个模糊子集“负大 *NL*”、“零 *O*”和“正大 *PL*”．若偏差负大，则表明水位较高；若偏差正大，则表明水位较低；若偏差为零，则达到期望设定水位值．

同样，在液位偏差率论域[−0.1，0.1]上，定义三个模糊子集“负大 *NL*”、“零 *O*”和“正大 *PL*”．若偏差率负大，表明液位有向低液位方向变化的趋势；若偏差率正大，则表明液位有向高液位方向变化的趋势；若偏差率为零，则表明液位的变化趋势不变．

对每一个模糊子集 *NL*、*O*、*PL* 定义隶属函数，这里选用正态分布函数(Gauss).

对于流入阀门的控制变量，这里定义 5 个模糊子集，它们分别为负大 *NL*、负中 *NM*、零 *O*、正中 *PM*、正大 *PL*，其隶属函数分别选三角形函数(trimf).

在确定了输入/输出变量定义相应的模糊子集之后，下一步需要建立模糊规则库，根据人们通常的操作经验，可以建立如下规则：

规则 1：如果液位偏差为零($e=O$)，则阀门开度为零($u=O$).

规则 2：如果液位偏差为正大($e=PL$)，则阀门开度为正大($u=PL$).

规则 3：如果液位偏差为负大($e=NL$)，则阀门开度为负大($u=NL$).

规则 4：如果液位偏差为零($e=O$)，且偏差率正大($de=PL$)，则阀门开度为负中($u=NM$).

规则 5：如果液位偏差为零($e=O$)，且偏差率负大($de=NL$)，则阀门为正中($u=PM$).

要求回答：

(1) 改变各模糊子集的隶属函数，比较结果．

(2) 对给定的输入 $e=0.2$ kWh，$de=-0.05$ W，运行程序算出控制量 u 的结果页．

(3) 若阀门 F_1 只能进水，阀门 F_2 只能出水，两个阀门开度都可变化，模糊控制器应怎样设计?

17.1.4 实验仪器

投影仪、计算机、MATLAB 软件．

17.1.5　实验步骤和结果分析

按实验内容编写实验步骤，通过实验写出实验结果并进行分析，最后撰写实验报告.

17.1.6　收获与思考

读者完成.

17.2　感知器分类

实验类型为基础演示性实验；实验学时为四学时.

17.2.1　实验目的

1. 理解并掌握感知器分类原理.

2. 掌握 MATLAB 神经网络工具箱的网络模拟操作.

17.2.2　实验理论与方法

1. 感知器分类原理

单层感知器是单层前馈网络，其传递函数为阈值函数，主要功能是模式分类.

2. MATLAB 神经网络工具箱的网络模拟操作

函数 newp 用来生成一个感知器神经网络：net＝newp(pr，s，tf，lf).

例如：net＝newp([－2，＋2；－2，＋2]，2)生成一个二维输入，两个神经元的感知器.

newp 默认权值和阈值为零(零初始化函数 initzero).

设计好的感知器并不能马上投入使用，还要通过样本训练，确定感知器的权值和阈值.

net＝train(net，P，T)，例如：net.trainParam.epochs＝10，意思是预定的最大训练次数为 10，感知器经过最多训练 10 次后停止.

实例：根据给定的样本输入向量 $\boldsymbol{P}$、目标向量 $\boldsymbol{T}$ 以及需分类的向量 $\boldsymbol{Q}$，创建一个感知器，对其进行分类.

```
P=[-0.5 -0.6 0.7; 0.8 0 0.1];                %已知样本输入向量
T=[1 1 0];                                   %已知样本目标向量
net=newp([-1 1; -1 1], 1);                   %创建感知器
handle=plotpc(net.iw{1}, net.b{1});          %返回画分类线的句柄
net.trainParam.epochs=10;                    % 设置训练最大次数
net=train(net, P, T);                        %训练网络
Q=[0.6 0.9 -0.1; -0.1 -0.5 0.5];             %已知待分类向量
Y=sim(net, Q);                               %二元分类仿真结果
figure;                                      %新建图形窗口
```

```
plotpv(Q, Y);                                    %画输入向量
handle=plotpc(net.iw{1}, net.b{1}, handle)      %画分类线
```

17.2.3 实验内容

一个经过训练的感知器对5个输入向量进行分类(2类)，要求：

(1) 画出输入向量的图像.

(2) 建立神经网络.

(3) 添加神经元的初始化值到分类图.

(4) 训练神经网络.

(5) 模拟 sim.

17.2.4 实验仪器

投影仪、计算机、MATLAB软件.

17.2.5 实验步骤和结果分析

按实验内容编写实验步骤，通过实验写出实验结果并进行分析，最后撰写实验报告.

17.2.6 收获与思考

读者完成.

17.3 BP网络拟合

实验类型为验证设计性实验；实验学时为四学时.

17.3.1 实验目的

1. 理解并掌握BP网络学习算法.

2. 掌握MATLAB神经网络工具箱的网络模拟操作.

17.3.2 实验理论与方法

1. BP网络学习算法

BP网络是多层前馈网络，传递函数隐层采用S形函数，输出层采用S形函数或线性函数.主要功能为函数逼近、模式识别和信息分类.BP网络属于多层感知器，中间的隐层不直接与外界连接，其误差无法直接计算.权值和阈值的调节规则采用误差反向传播算法.反向传播算法分两步进行，即正向传播和反向传播.BP算法实质上是求解误差函数的最小值问题.这种算法采用非线性规划中的最速下降方法，按误差函数的负梯度方向修改权系数.

(1) 正向传播.输入的样本从输入层经过隐单元一层层进行处理，通过所有的隐层之后，则传向输出层；在逐层处理的过程中，每一层神经元的状态只对下一层神经元的状态产生影响.在输出层把现行输出和期望输出进行比较，如果现行输出不等于期望输出，则进入反向传播过程.

(2) 反向传播.反向传播时，把误差信号按原来正向传播的通路反向传

回，并对每个隐层的各个神经元的权系数进行修改，以望误差信号趋向最小.

2. MATLAB神经网络工具箱的网络模拟操作

(1) 网络的生成.

函数 newff 用来生成一个 BP 网络，例如：

net=newff ([0, 10; -1, 2], [5, 1], {'tansig', 'purelin'}, 'trainlm');

生成一个两层 BP 网络，隐层和输出层神经的个数为 5 和 1，传递函数分别为 tansig 和 purelin，训练函数为 trainlm，其他默认.newff 函数在建立网络对象的同时，自动调用初始化函数，根据缺省的参数设置网络的连接权值和阈值.使用函数 init 可以对网络进行自定义的初始化.通过选择初始化函数，可对各层连接权值和阈值分别进行不同的初始化.

利用已知的"输入—目标"样本向量数据对网络进行训练，采用 train 函数来完成，即调用 net=train(net, P, T).训练之前，对训练参数进行设置.

(2) 网络的设计.

网络层数：已经证明，单隐层的 BP 网络可以实现任意非线性映射.BP 网络的隐层数一般不超过两层.

输入层的节点数：输入层接收外部的输入数据、节点数取决于输入向量的维数.

输出层的节点数：输出层的节点数取决于输出数据类型和该类型所需的数据大小.

隐层的节点数：隐层的节点数与求解问题的要求、输入输出单元数有关.对于模式识别/分类的节点数可按公式 $n=\sqrt{n_i+n_0}+a$ 设计，其中 n 为隐层节点数，n_i 为输入节点数，a 为 1～10 之间的整数.

传递函数：隐层传递函数采用S形函数，输出层采用S形函数或线性函数.

(3) BP 网络设计实例.

```
p=[-1 -1 3 1; -1 1 5 -3];          %定义训练样本
t=[-1 -1 1 1];
net=newff(minmax(p), [3 1], {'tansig', 'purelin'}, 'traingdm');
                                     %创建一个新的 BP 网络
net.trainParam.epochs=1000;          %设置训练参数
net.trainParam.goal=0.001;
net.trainParam.show=50;
net.trainParam.lr=0.05;
net.trainParam.mc=0.9;               %动量因子，缺省为 0.9
net=train(net, p, t);                %训练网络
A=sim(net, p)                        %网络仿真
```

17.3.3 实验内容

要求设计一个简单的 BP 网络，实现对非线性函数的逼近．通过改变该函数的参数以及 BP 网络隐层神经元的数目，来观察训练时间以及训练误差的变化情况．

17.3.4 实验仪器

投影仪、计算机、MATLAB 软件．

17.3.5 实验步骤和结果分析

按实验内容编写实验步骤，通过实验写出实验结果并进行分析，最后撰写实验报告．

17.3.6 收获与思考

读者完成．

17.3.7 思考题

设计一个 BP 网络逼近函数 $z=e^{x^2+y^2}$，试给出 MATLAB 程序和运行结果．

17.4 遗传算法

实验类型为验证设计性实验；实验学时为四学时．

17.4.1 实验目的

1. 理解并掌握遗传算法的基本思想．
2. 掌握 MATLAB 遗传算法工具箱的使用．

17.4.2 实验理论与方法

1. 遗传算法(GA)的基本思想

其基本思想是模拟生命的演化与进化过程．遗传算法认为生命的自然演化过程本质是一个学习和优化的过程，这一过程的目的是使生命体达到适应环境的最佳结构与效果．遗传算法是通过人工方式构造的一类优化与搜索算法，是对生物进化过程进行的一种数学仿真，也是进化计算的最重要的形式．

简单遗传算法的求解步骤如下：

(1) 初始化种群．

(2) 计算种群上每个个体的适应度值．

(3) 按个体适应度值所决定的某种规则，选择将进入下一代的个体．

(4) 按概率 Pc 进行交叉操作．

(5) 按概率 Pm 进行变异操作．

(6) 若没有满足某种停止条件，则转步骤(2)，否则进入下一步．

(7) 输出种群中适应度值最优的染色体作为问题的满意解或最优解．

算法停止的条件：

(1) 完成了预先给定的进化代数.

(2) 种群中的最优个体在连续若干代没有改进或平均适应度在连续若干代基本没有改进时停止.

2. MATLAB 遗传算法工具箱

(1) 安装. 将 C:\MATLAB6p5\toolbox\文件夹中的 gatbx 遗传算法工具箱导入到 MATLAB 的搜索路径中. 如果 C:\MATLAB6p5\toolbox 下没有 gatbx 工具箱, 则将该文件夹复制到 C:\MATLAB6p5\toolbox\下.

(2) 相关数据结构. 染色体的数据结构用大小 $Nind \times Lind$ 的矩阵存储整个种群. 其中, $Nind$ 是种群中个体的个数, $Lind$ 是个体基因表现型的长度, 每一行对应一个个体的基因, 由 n 个基数组成. 每个基因都有其相对应的表现型, 通过函数 DECODE 实现基因到表现型的映射. 结果存储在一个 $Nind \times Nvar$ 数字矩阵中.

目标函数常用来评估表现型在问题域中的性能. 目标函数值可能是标量或在多目标情况下是矢量. 目标函数值被存储在一个大小为 $Nind \times Nobj$ 的数字矩阵中, 这里 $Nobj$ 是目标的数量.

适应度值是由目标函数值通过计算或评定等级而得出的. 适应度是一非负的标量并保存在长度为 $Nind$ 的列向量中.

(3) 遗传算法实例. 下面通过具体的例子, 介绍如何利用遗传算法工具箱中的相关函数编写 MATLAB 程序, 解决实际问题. 例如用遗传算法计算函数 $f(x) = x\sin(10\pi \cdot x) + 2.0$, $x \in [-1, 2]$ 的最大值, 解决该优化问题的 MATLAB 代码如下.

```
figure(1);
fplot('variable. * sin(10 * pi * variable)+2.0', [-1, 2]); %画出函数曲线
NIND=40;                          %个体数目
MAXGEN=50;                        %最大遗传代数
PRECI=20;                         %变量的二进制位数，即个体编码串的长度
GGAP=0.9;                         %代沟
trace=zeros(2, MAXGEN);                      %寻优结果的初始值
FieldD=[20; -1; 2; 1; 0; 1; 1];              %区域描述器
Chrom=crtbp(NIND, PRECI);                    %初始种群
gen=0;                                       %代计数器
variable=bs2rv(Chrom, FieldD);               %计算初始种群的十进制转换
ObjV=variable. * sin(10 * pi * variable)+2.0;        %计算目标函数值
while gen < MAXGEN,
FitnV=ranking(-ObjV);                                %分配适应度值
```

```
SelCh=select('sus', Chrom, FitnV, GGAP);      %选择
SelCh=recombin('xovsp', SelCh, 0.7);          %重组交叉
SelCh=mut(SelCh);     %变异，还有调用方式 mut(SelCh, Pm), Pm
                      表示变异概率
variable=bs2rv(SelCh, FieldD);     %子代个体的十进制转换
ObjVSel=variable.*sin(10*pi*variable)+2.0;    %计算子代个体的
                                                目标函数值
[Chrom ObjV]=reins(Chrom, SelCh, 1, 1, ObjV, ObjVSel);
              %重插入子代的新种群
gen=gen+1;    %输出最优解及其序号，并在目标函数图像中标出，Y
              为最优解，I为种群序号.
[Y, I]=max(ObjV);
trace(1, gen)=max(ObjV);
trace(2, gen)=sum(ObjV)/length(ObjV);
end
variable= bs2rv(Chrom, FieldD);
hold on, grid;
plot(variable, ObjV, 'b*');
figure(2);
plot(trace(1,:)');
hold on;
plot(trace(2,:)', '-.'); grid;
legend('解的变化', '种群均值的变化')
```

17.4.3 实验内容

1. 求解优化问题 $\max\{f(x)=x^2 \mid x\in X\}$，解空间为非负整数集 $X=\{0, 1, 2, \cdots, 31\}$.

2. 用遗传算法求函数 $y(x)=x\sin(1/x)$ 在区间 $[0.05, 0.5]$ 上的极小值．取种群大小 $M=10$，$Pc=0.8$，$Pm=0.01$.

要求自己编程实现．

17.4.4 实验仪器

投影仪、计算机、MATLAB 软件．

17.4.5 实验步骤和结果分析

按实验内容编写实验步骤，通过实验写出实验结果并进行分析，最后撰写实验报告．

17.4.6　收获与思考

读者完成.

17.4.7　思考题

求解优化问题 $f(x_1, x_2)=x_1^2-2x_1x_2+3x_1+x_2^2-6x_2$，其中自变量的区间自定.

提示：x_1，x_2 可作为一个行向量，返回一个标量 Z，Z 值为 $f(x_1, x_2)$ 的值.

第 18 章　计算机图形学与虚拟现实

近年来，计算机图形学与虚拟现实技术在三维游戏、计算机动画等方面的研究成果在生活、生产应用需求的推动下得到了飞速发展．诸如计算机视觉、多媒体技术等与计算机图形学相关学科的发展，以及诸如图形采集设备、动作捕捉仪等相关硬件的成熟也为图形学的高速发展提供了相应的条件．理论分析与推导在计算机图形学的理论教学中占有较大比重，因此需要理论教学与实验课程相结合，使学生能充分理解与掌握知识点．本课程实验以计算机图形学教学内容的系统性、基础性、主流性和稳定性为主，主要涉及本领域内基础性、普遍性的知识点的验证与展示，在此基础上，通过思考题与扩展内容的方式引导学生了解本课程的新发展、新应用，保证学生在掌握基本概念与技术的基础上，进一步理解相关理论与技术．

18.1　C 语言图形程序设计基础

实验类型为基础演示性实验；实验学时为两学时．

18.1.1　实验目的

1. 理解屏幕设置．
2. 理解图形颜色设置．
3. 理解线的特性设定和填充．
4. 理解图形模式下的文本处理．
5. 理解图形存取处理．
6. 掌握常用的画图函数．

18.1.2　实验理论与方法

计算机绘图的基础是程序设计，基本绘图功能在大多数的高级语言中都可实现．C 语言提供了丰富的图形语句和图形函数，能支持多种屏幕图形系统，因此 C 语言可作为图形、图像处理的开发工具．

18.1.3　实验内容

1. 利用函数 detectgraph()测试图形适配器，进行图形系统的初始化．

2. 利用函数 initgraph()自动按照系统所配置的图形显示器来驱动程序，并将图形模式设置为检测到的驱动程序的最高分辨率，实现图形系统初始化．

3. 在屏幕上画出汉字“土”字．

4. 在屏幕不同页面分别画一个椭圆和一个正方形，并进行页面变换显示，然后将这两个图形填充为蓝色.

18.1.4　实验仪器

计算机、C 语言编程平台.

18.1.5　实验步骤和结果分析

1. 编写源程序，并编译运行通过.

2. 分析实验结果正确与否，若不正确，返回步骤 1 继续修正，若正确，则记录实验结果.

3. 如实正确地记录实验结果，完成实验报告的填写.

18.1.6　收获与思考

1. 总结 C 语言进行图形设计的基本方法和所涉及的基本内容.

2. 分析实验所得到的结果，考虑改进方法.

18.2　基本图形生成技术——直线段生成算法

实验类型为基础演示性实验；实验学时为两学时.

18.2.1　实验目的

1. 掌握基本绘图元素：点的概念、直线的生成原理及其实现方法.

2. 掌握直线段的常用生成原理.

3. 掌握逐点比较法、数值微分法、Bresenham 法生成直线的原理及其实现方法.

18.2.2　实验理论与方法

在一个图形系统中，基本图形(也称为图元、图素等)的生成技术是最基本的，任何复杂的图形都是由基本图形组成的，基本图形生成的质量直接影响到该图形系统绘图的质量. 在图形输出中最基本的图形是直线图形，无论是用绘图仪还是用显示器作为图形输出设备，这两种设备最基本的图形显示模式都是直线方式. 所有图形都可以以直线段的生成为基础.

18.2.3　实验内容

1. 使用逐点比较法编程序画直线，获得并显示(0，0)到(10，24)的直线与(0，0)到(24，10)的直线.

2. 使用数值微分法编程序画直线，获得并显示(0，0)到(5，15)的直线与(0，0)到(15，5)的直线.

3. 使用 Bresenham 法生成直线，获得并显示(0，0)到(4，8)的直线与(0，0)到(8，4)的直线.

18.2.4　实验仪器

计算机、C 语言编程平台.

18.2.5 实验步骤和结果分析

1. 编写源程序，并编译运行通过．

2. 分析实验结果正确与否，若不正确，返回步骤1继续修正，若正确，则记录实验结果．

3. 如实正确地记录实验结果，完成实验报告的填写．

18.2.6 收获与思考

对程序进行分析和比较，还能提出哪些改进和扩充？

18.3 基本图形生成技术——曲线的生成

实验类型为基础演示性实验；实验学时为两学时．

18.3.1 实验目的

1. 掌握圆弧的生成原理及其实现方法．

2. 掌握椭圆的生成原理及其实现方法．

3. 理解规则曲线生成的原理及其实现方法．

4. 理解自由曲线生成的原理及其实现方法．

18.3.2 实验理论与方法

在科学技术领域、工程实践中常常需要绘制曲线，而绘制曲线的要求往往各不相同．常见的有如下四种：规则曲线的绘制、曲线拟合、曲线插值、曲线逼近．这四类问题都需要画出曲线．

18.3.3 实验内容

1. 使用逐点比较法画一段圆弧，该圆弧所在圆的圆心坐标为(0，0)，圆弧两端的坐标分别为(10，0)和(0，10)．

2. 采用角度DDA方法画一个圆，该圆的圆心坐标为(0，0)，半径为15.

3. 已有4个型值点：(1.5，2.0)、(2.0，4.5)、(3.5，3.0)、(5.0，5.5)，求出各段三次样条曲线Si(x)(i=1，2，3)，设定边界条件为抛物线端.

4. 设4个点的坐标分别为：P_0(6，6)、P_1(12，16)、P_2(18，14)、P_3(13，5)，绘制一个三次Bezier曲线．

18.3.4 实验仪器

计算机、C语言编程平台．

18.3.5 实验步骤和结果分析

1. 编写源程序，并编译运行通过．

2. 分析实验结果正确与否，若不正确，返回步骤1继续修正，若正确，则记录实验结果．

3. 如实正确地记录实验结果，完成实验报告的填写．

18.3.6　收获与思考

通过本次实验，学习和掌握了哪些知识点？

18.4　基本图形生成技术——区域填充

实验类型为基础演示性实验；实验学时为两学时．

18.4.1　实验目的

1. 掌握多边形区域填充的原理及其实现方法．

2. 掌握边填充的原理及其实现方法．

3. 掌握种子填充的原理及其实现方法．

18.4.2　实验理论与方法

区域是指相互连通的一组像素的集合．区域通常由一个封闭的轮廓来定义，处于一个封闭轮廓线内的所有像素点即构成一个区域．所谓区域填充就是将区域内的像素置成新的颜色值或图案．

18.4.3　实验内容

1. 设五边形的五个顶点坐标分别是(8，8)、(13，3)、(10，3)、(6，0)、(2，3)，请采用多边形区域填充算法，编程生成此五边形的实心图．

2. 有如下顶点的多边形(2，3)、(3，4)、(7，5)、(11，3)、(7，1)、(8，5)与(2，3)，若采用多边形区域填充，其对应的 ET 与全部 AET 内容是什么？请写出来．

3. 采用扫描线种子算法，编写程序填充具有如下顶点的多边形：(6，7)、(8，5)、(6，1)、(2，3)、(2，6)与(6，7).

18.4.4　实验仪器

计算机、C 语言编程平台．

18.4.5　实验步骤和结果分析

1. 编写源程序，并编译运行通过．

2. 分析实验结果正确与否，若不正确，返回步骤 1 继续修正，若正确，则记录实验结果．

3. 如实正确地记录实验结果，完成实验报告的填写．

18.4.6　收获与思考

总结各曲线算法的特点．比较各曲线算法的异同．

18.5　基本图形生成技术——二维图形变换

实验类型为基础演示性实验；实验学时为四学时．

18.5.1　实验目的

1. 掌握二维图形几何变换的基本原理．

2. 理解几何变换的矩阵表示形式.

3. 理解二维图形齐次坐标矩阵变换的原理.

4. 理解组合变换的原理.

5. 掌握二维图形变换的程序实现方法.

18.5.2 实验理论与方法

图形变换是计算机绘图的基本技术之一. 图像变换有两种形式：一种是图形不动，坐标系变动，称为坐标模式变换，也可称为视像变换；另一种是坐标系不动，图形改变，可称为图形模式变换，也可称为几何变换. 实际工程应用中，几何变换所占比重较大.

18.5.3 实验内容

1. 已有四边形的顶点坐标为：(3，3)、(23，3)、(23，18)、(3，18)，编程实现对该图形进行如下的比例变换：

(1) 高度方向缩小一半，长度方向增长一倍.

(2) 整个图形放大3倍.

2. 已有三角形的顶点坐标为：(5，6)、(10，20)、(15，6)，对该图形进行如下变换，试写出对应的变换矩阵，并编程显示出变换后的图形：

(1) 沿 X 方向平移16，沿 Y 方向平移25，再绕原点旋转60°；

(2) 绕原点旋转60°，再沿 X 方向平移16，沿 Y 方向平移25.

18.5.4 实验仪器

计算机、C语言编程平台.

18.5.5 实验步骤和结果分析

1. 编写源程序，并编译运行通过.

2. 分析实验结果正确与否，若不正确，返回步骤1继续修正，若正确，则记录实验结果.

3. 如实正确地记录实验结果，完成实验报告的填写.

18.5.6 收获与思考

总结各曲线算法的特点. 比较各曲线算法的异同.

18.6 基本图形生成技术——二维图像裁剪与反走样技术

实验类型为基础演示性实验；实验学时为四学时.

18.6.1 实验目的

1. 理解窗口区和视图区的概念与区别.

2. 掌握直线段裁剪原理及其实现方法.

3. 掌握多边形裁剪原理及其实现方法.

4. 理解超采样与区域采样的原理与方法.

18.6.2　实验理论与方法

裁剪在计算机图形处理中具有重要的意义．裁剪实质是从数据集合中抽取信息的过程．

走样是数字化发展的必然产物，与之相对的反走样技术，就是减缓甚至消除走样效果的技术．

18.6.3　实验内容

1．使用编码算法裁剪一个斜放的正方形和十字形，在裁剪后不需窗口—视图变换．

2．使用直线中点分割裁剪法对题 1 中的斜放的正方形和十字形进行裁剪．

3．编程实现简单区域采样法以进行反走样处理．

18.6.4　实验仪器

计算机、C 语言编程平台．

18.6.5　实验步骤和结果分析

1．编写源程序，并编译运行通过．

2．分析实验结果正确与否，若不正确，返回步骤 1 继续修正，若正确，则记录实验结果．

3．如实正确地记录实验结果，完成实验报告的填写．

18.6.6　收获与思考

比较超采样与区域采样的异同点．

第 19 章　数据挖掘

本实验课程包含了 WEKA 实验环境介绍及安装配置、关联规则分析、若干分类模型及聚类模型的操作．本课程目的是让学生掌握几种常用的数据挖掘应用方法，构建常见问题对应的数据挖掘解决方案；掌握实际运用数据挖掘模型来解决问题；在实践过程中能根据实际问题构建数据集，利用数据挖掘工具 WEKA 软件包进行数据挖掘，并正确解释数据挖掘模型的输出结果．

19.1　实验环境及平台介绍

实验类型为基础演示性实验；实验学时为四学时．

19.1.1　实验目的

1. 掌握安装 WEKA.
2. 掌握启动 WEKA 及主要界面．
3. 熟悉 WEKA 的简单使用．

19.1.2　实验理论与方法

WEKA 的源代码及可执行程序可通过官方网站 http://www.cs.waikato.ac.nz/ml/weka 获得．WEKA 作为一个开发源代码的数据挖掘工作平台，整合了大量机器学习算法，包括预处理、分类、回归、聚类、关联规则以及可视化．

19.1.3　实验内容

1. WEKA 的安装

WEKA 官方网站的安装文件分为 weka－3－5－6.exe 和 weka－3－5－6jre.exe，这两个软件只需安装一个即可，其中 weka－3－5－6.exe 只包含 WEKA 的执行程序及文档，而 weka－3－5－6jre.exe 还包含 JRE 环境（WEKA 为 Java 编写，运行时必须配置好 Java 环境变量 “JAVA_HOME”）. 选择哪个安装程序取决于本机是否已经安装配置好 JRE 或者 JDK 环境（图 19.1）.

安装过程和普通的 Windows 程序无异，一直点击下一步（next）即可，这里不再赘述．

2. WEKA 的启动

在开始程序或者桌面图标中找到 WEKA3.5.6，选择 WEKA3.5（with console），单击即可启动 WEKA，这个窗口就是 WEKA 的主窗口（图 19.2），接下来的实验都以此为依托．如果点击后程序一闪而过，说明程序异常退出，一般是因为环境变量没有配置好，需要在系统变量窗口增加 CLASS_PATH 变量，并将变量值设置为 JRE 的安装路径．

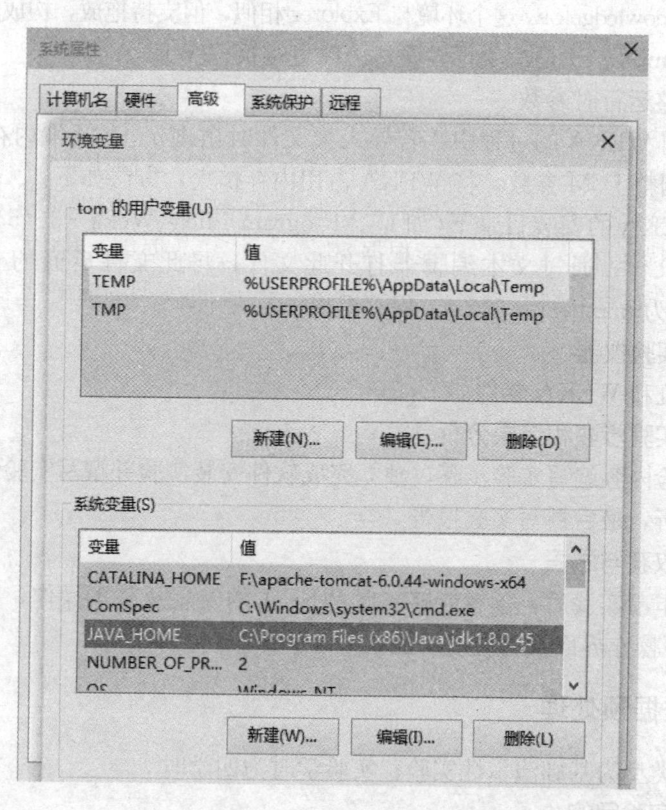

图 19.1　环境变量的设置

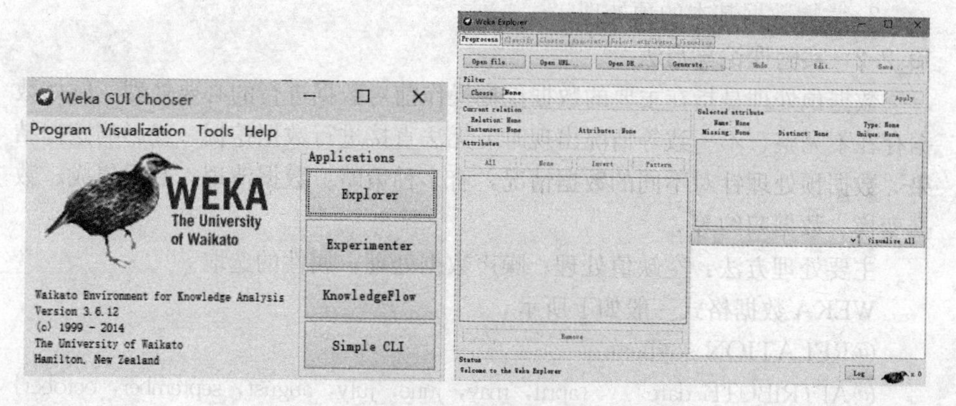

图 19.2　WEKA 主界面及 Explorer 界面

3. WEKA包含四大主要应用程序

(1) Explorer是探索数据的环境，是最常用部分.

(2) Experimenter是用来运行算法试验、算法检验等的环境.

(3) Knowledgefolw这个环境与Explorer相似，但支持拖放，构成知识流.

(4) simpleCLI是命令行界面，可以直接执行WEKA命令.

4. 调整运行时参数

在使用WEKA的过程中，若导入大文件时出现了JVM堆内存不够的问题，必须调整JVM参数，将WEKA占用内存扩大，方法如下：

在WEKA的安装目录下(如C：\Program Files\Weka - 3 - 5)找到RunWeka.ini文件，通过文本编辑器打开此文件，将此文件后面的maxheap＝128m修改为maxheap＝512m，保存退出.

19.1.4 实验仪器

计算机和WEKA软件.

19.1.5 实验步骤和结果分析

按实验内容编写实验步骤，独立完成软件安装实验并撰写实验结果，以及对结果分析，最后撰写实验报告.

19.1.6 收获与思考

完成本节实验后，读者能够掌握WEKA的安装及基本操作，并可自行探索WEKA操作界面及对应的功能.

19.2 数据预处理

实验类型为基础演示性实验；实验学时为四学时.

19.2.1 实验目的

1. 掌握读入WEKA数据文件(＊.arff)的方法.

2. 掌握数据基本的预处理.

19.2.2 实验理论与方法

数据预处理是指在主要的数据挖掘操作前对数据进行的必要处理．例如数据存在不完整、不一致等情况出现时，无法直接进行数据挖掘，或影响挖掘结果．数据预处理针对不同的数据情况，有多种策略：数据清理、数据集成、数据变换、数据归约等.

主要处理方法：空缺值处理；噪声数据处理；属性的选取.

WEKA数据格式一般如下所示.

```
@RELATION soybean
@ATTRIBUTE date          {april, may, june, july, august, september, october}
@ATTRIBUTE plant - stand {normal, lt - normal}
```

@ATTRIBUTE precip　　　　{lt－norm，norm，gt－norm}
@ATTRIBUTE temp　　　　　{lt－norm，norm，gt－norm}
@ATTRIBUTE hail　　　　　{yes，no}
@DATA
october，normal，gt－norm，norm，yes
august，normal，gt－norm，norm，yes

19.2.3　实验内容

1. 读入文件

打开自带数据 C：\Program Files\Weka －3－6\data\supermarket. arff，可直接双击该数据或者运行 WEKA 后在图形界面操作．步骤：Explorer→openfile，选择上述文件夹中的 supermarket. arff.

WEKA. filters 中包含了一些数据预处理的简单实现，主要分成两大类：监督过滤(SupervisedFilter)和非监督过滤(UnsupervisedFilter)．如果是使用 GUI 的话，点击 Filter 的 Choose 就可以选择．

操作步骤：Choose→filters→unsupervised→attribute→Discretize，如图 19.3 所示．

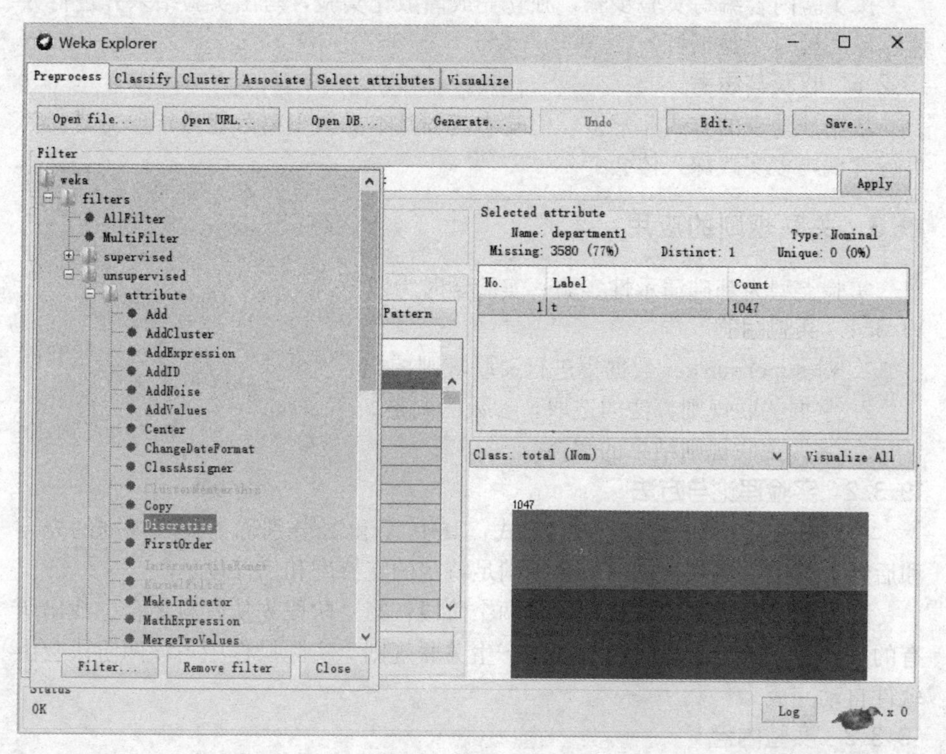

图 19.3　属性操作

2. 选择规则后，应用规则进行离散化，如图 19.4 所示．

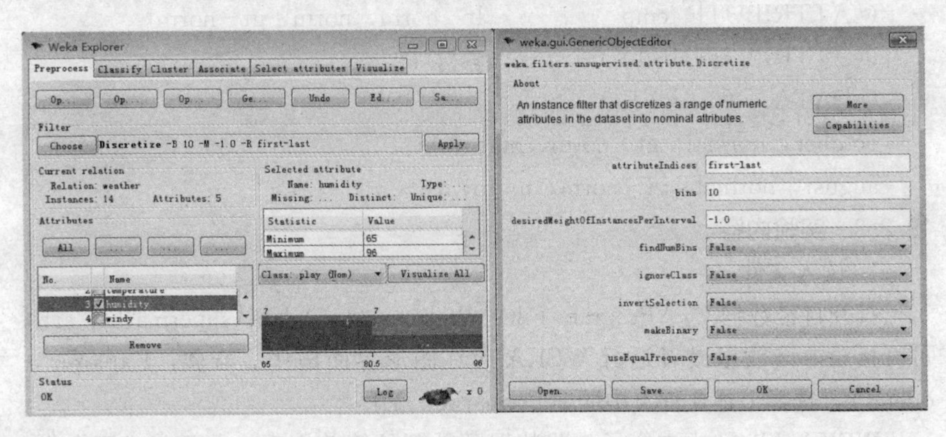

图 19.4　离散化操作

19.2.4　实验仪器

计算机和 WEKA 软件．

19.2.5　实验步骤和结果分析

按实验内容编写实验步骤，独立完成离散化实验，写出实验结果并进行分析，最后撰写实验报告．

19.2.6　收获与思考

数据预处理的方式非常多，但基本流程基本类似于离散化操作，需要读者自行尝试，多实践深入体会．

19.3　关联规则的应用

实验类型为基础演示性实验；实验学时为四学时．

19.3.1　实验目的

1. 对 supermarket 数据集进行关联规则挖掘．
2. 掌握关联规则算法的选取，参数的调整．
3. 掌握关联规则结果的解释．

19.3.2　实验理论与方法

关联规则是形如 $X \to Y$ 的蕴涵式，其中 X 和 Y 分别称为关联规则的先导和后继．其中，关联规则 XY 必须满足特定的支持度和信任度．

理论上关联规则挖掘过程包含两个阶段：第一阶段先从资料集合中找出所有的频繁项；第二阶段再由频繁项产生关联规则．实际操作中，该两阶段会由软件自动完成．

19.3.3　实验内容

（1）打开自带数据 C：\Program Files\Weka－3－6\data\supermarket. arff.

（2）选中 Associate 选项卡，即关联规则选项卡(图 19.5).

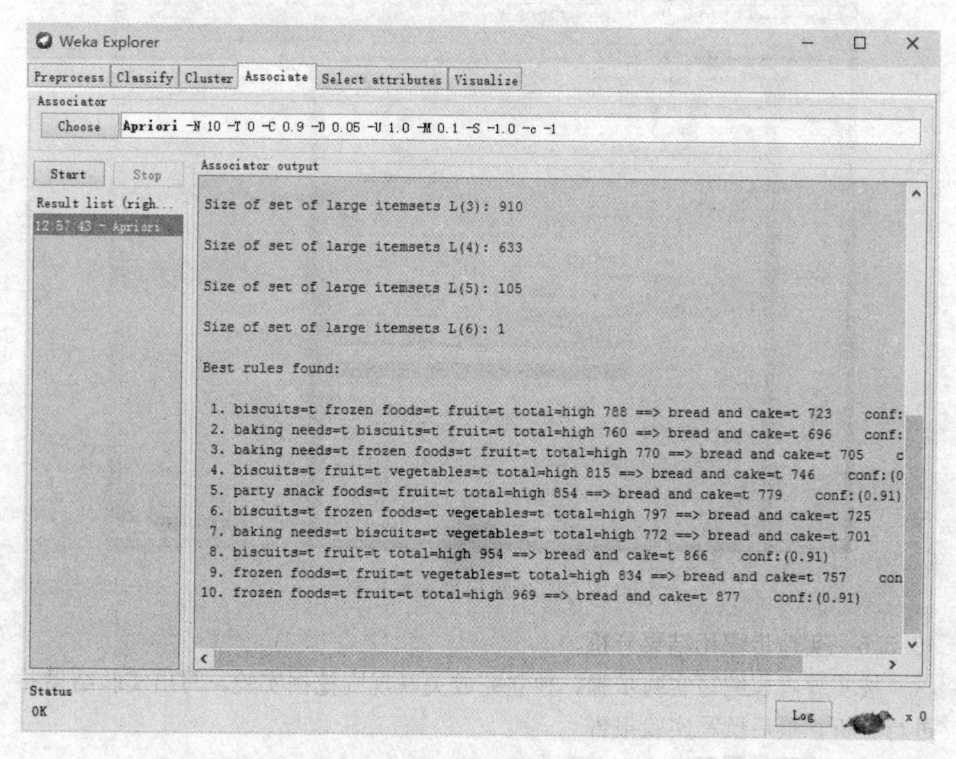

图 19.5　关联规则挖掘

（3）双击参数框可改变规则参数(可按默认值).

（4）再点击 Choose 选择关联规则算法，默认为 Apriori 算法 .

（5）设置完规则点击 Start，运行完成后可以看到列出的关联规则 .

（6）更换指标参数：双击参数框→把 Confidence 置换成 Lift→点击 OK 进行确认(图 19.6).

得到的关联规则一般如下所示：

（1）biscuits＝t frozen foods＝t fruit＝t total＝high 788 ＝＝＞ bread and cake＝t 723 conf：(0.92)

（2）baking needs＝t biscuits＝t fruit＝t total＝high 760 ＝＝＞ bread and cake＝t 696 conf：(0.92)

（3）baking needs＝t frozen foods＝t fruit＝t total＝high 770＝＝＞bread and cake＝t 705 conf：(0.92)

19.3.4　实验仪器

计算机和 WEKA 软件 .

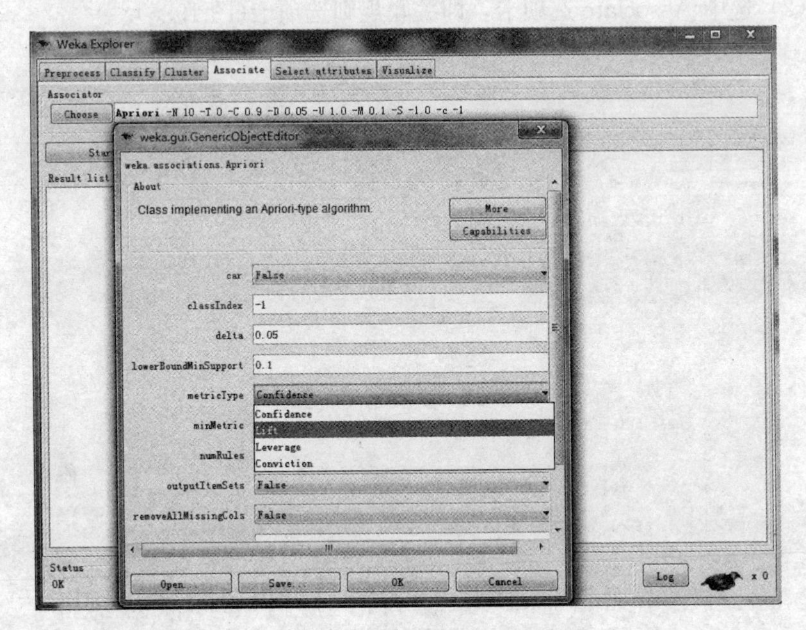

图 19.6　更换算法及参数

19.3.5　实验步骤和结果分析

按实验内容编写实验步骤，独立完成关联规则挖掘实验，写出实验结果并进行分析，最后撰写实验报告．

19.3.6　收获与思考

关联规则应用范围非常广，而且数据集要求、操作都很简单．通过本节实验，读者应掌握关联规则的基本操作．

19.3.7　思考题

构建日常生活中可以用于关联规则挖掘的例子，并提交及解释关联规则挖掘结果．

19.4　分类的应用

实验类型为基础演示性实验；实验学时为四学时．

19.4.1　实验目的

1. 掌握分类操作．

2. 掌握分类数据的格式及构造．

分类应用范围非常广，但数据集构建要求较高．通过本节实验，读者应掌握分类的基本操作．

19.4.2　实验理论与方法

分类一般而言是指按照种类、等级或性质分别归类．分类在数据挖掘中是一项非常重要的任务．分类的目的是：通过统计训练集中的数据表现出来的特性，为所有类找到合适的描述或者模型，并对未知样本预测类别标签．一般分为三步：首先从现实数据中构造出训练集，并在该训练集上运用分类算法，建立分类模型；第二步是测试：在测试集上测试分类模型性能的优劣；第三步是预测：将分类模型应用于未知样本上．

训练集和测试集是多条记录组成的．每一条记录包含若干条属性，组成一个特征向量．每条记录都有一个特定的类标签．

分类器的构造方法有统计方法、机器学习方法、神经网络方法等．下面简单介绍几种主要的分类方法．

1. 决策树(Decision Tree)，采用自顶向下、递归地构造决策树．树的每一个节点上使用信息增益选择分类能力最好的属性作为当前子树的根节点．

2. KNN(K－Nearest Neighbor)法，即 K 最近邻法，该方法依据最邻近的一个或者几个样本的类别来决定未知样本所属的类别．

3. SVM(Support Vector Machine)，即支持向量机，将数据映射到高维空间，找出在线性空间区分能力最好的支持向量．

4. 朴素贝叶斯法(Naïve Bayes)，是一种在已知先验概率与类条件概率的情况下的模式分类方法(假定类条件独立)．

5. 神经网络(Neural net)，重点是构造网络连接结构和训练连接权值．

分类器性能有多种评价方法，本节只采用最简单且最常用的预测准确度，结合 10 折交叉验证法．

19.4.3　实验内容

1. 打开自带数据 C：\Program Files\Weka－3－6\data\segment－challenge. arff.

2. 点击 Choose→Classifiers→Bayes→Naivebayes→OK.

3. 表示交叉验证，一般为软件默认选项．

4. 分类预测的功能是非常重要和实用的，下面利用数据集演示这一功能，先清空数据元组的类标号，再利用分类预测功能重新预测这些元组的类标号．

打开自带数据 C：\Program Files\WEKA－3－6\data\segment－test. arff，将分类属性的值去除，保存为一个新文件 c. arff；选择 Classifier→Choose→Bayes→Bayesnet；选择属性后点击 Start；对训练出的模型点击右键出现对话框，这里可以保存模型(save)和加载模型(load)，只有确定好模型后，下面才能进行预测(图 19.7).

(1) Classifier 选项卡．

(2) 选择 Choose→Bayes→Bayesnet→OK.

(3) 选择 Supplied test set 再点击 Set.

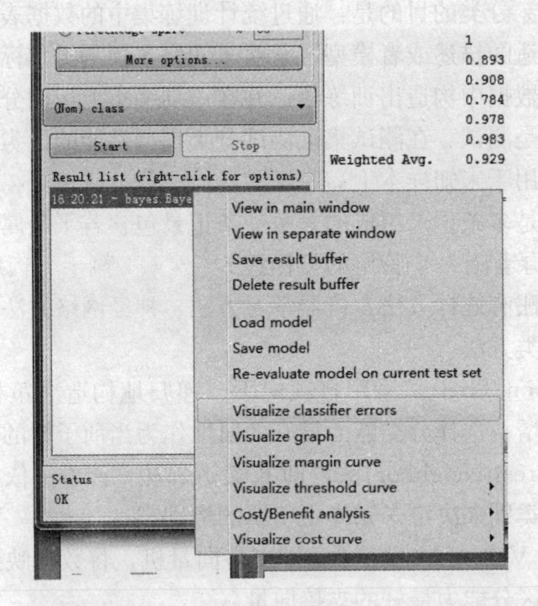

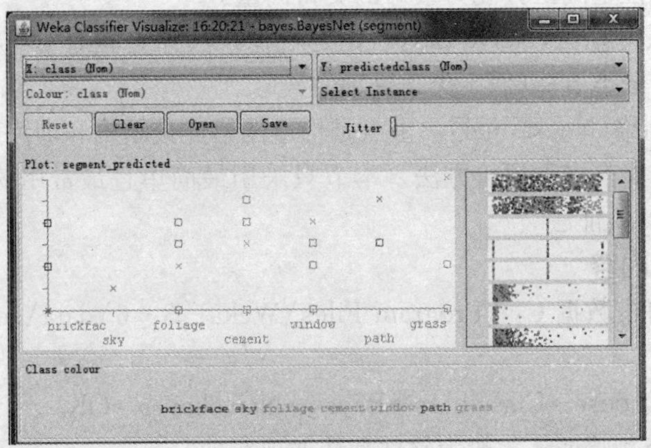

图 19.7 利用分类模型预测未知样本

(4) 选择 c. arff 文件打开 .

(5) 右键选择训练的模型，再在选项卡选择 re - evaluate model on current test set，把模型应用在 c. arff 上 .

(6) 预测完成后，选中之前的模型，点击右键，在弹出的菜单选择 Visualize classifier error，在弹出的对话框点击“Save”按钮，将预测结果保存为 d. arff，再用 WEKA 或者其他文本编辑器打开 d. arff，可以看出多了预测的一列属性：predictclass，该列就是分类模型对未知样本的预测值 .

19.4.4 实验仪器

计算机和 WEKA 软件 .

19.4.5　实验步骤和结果分析

按实验内容编写实验步骤，独立完成分类实验，写出实验结果并进行分析，最后撰写实验报告．

19.4.6　收获与思考

读者完成．

19.4.7　思考题

读者可自行尝试构建日常生活中可以用于分类挖掘的例子，构建数据集后训练分类模型，并检测准确率．

第20章　计算机信息安全

近年来，网络安全的威胁日趋严重，人们时常受到网络的攻击与破坏，严重影响到人们的工作与生活．人们需要了解网络攻击的手段，并掌握一些信息安全技术抵制网络攻击．计算机信息安全实验的目的是加深对抽象信息安全知识的理解，掌握网络攻击的常用方法与抵制攻击的方法．当计算机安全遭受攻击时，能够运用适当的工具和方法识别、防范并抵制这些攻击，从而降低因网络攻击所造成的损失．实验内容包括PGP的使用、冰河木马、口令破译、网络监听与网络攻击．

20.1　PGP的使用

实验类型为基础演示性实验；实验学时为四学时．

20.1.1　实验目的

1. 理解公钥密码体制的加密与解密原理．
2. 理解公钥密码体制的签名与身份认证过程．
3. 掌握PGP软件的使用．

20.1.2　实验理论与方法

PGP(Pretty Good Privacy)是一个基于RSA公匙加密体系的邮件加密软件．每一位PGP的使用者首先给自己的邮件注册一对公私钥．私钥保存本地，公钥传输到公钥网站．PGP使用者可以从PGP网址下载其他人的公钥．你可以用收件人的公钥加密邮件并发送给收件人，则除了收件人外其他人都无法阅读邮件内容．你还可以用你的私钥签名发送邮件，这样收件人可以确定邮件是你发送的，用于防止攻击者伪造邮件．PGP功能强大，运行速度快，并且源代码免费．

20.1.3　实验内容

1. PGP的安装．
2. 邮件的加密与解密．
3. 签名与认证．

20.1.4　实验仪器

计算机、互联网网络设备和PGP软件．

20.1.5　实验步骤和结果分析

按实验内容编写实验步骤，通过实验写出实验结果并进行分析，最后撰写实验报告.

20.1.6　收获与思考

读者完成.

20.2　冰河木马

实验类型为基础演示性实验；实验学时为四学时.

20.2.1　实验目的

1. 了解冰河木马的工作原理.
2. 了解冰河木马远程管理的使用方法.
3. 了解木马的危害.

20.2.2　实验理论与方法

冰河木马开发于1999年，在设计之初，开发者的本意是编写一个功能强大的远程控制软件. 但一经推出，就依靠其强大的功能成为了黑客们发动入侵的工具，跟后来的灰鸽子等成为国产木马的标志和代名词. 其功能包括跟踪目标主机屏幕、窃取目标主机的各种口令、获得目标主机的系统信息、限制目标主机的系统功能等.

20.2.3　实验内容

1. 冰河木马的安装.
2. 查看目标主机的各个盘符及文件攻击.
3. 查看目标主机屏幕攻击.
4. 目标主机屏幕控制攻击.
5. 使用冰河信使攻击.
6. 冰河木马的清除.

20.2.4　实验仪器

计算机、互联网网络设备和冰河木马软件.

20.2.5　实验步骤和结果分析

按实验内容编写实验步骤，通过实验写出实验结果并进行分析，最后撰写实验报告.

20.2.6　收获与思考

读者完成.

20.3　口令破译

实验类型为基础演示性实验；实验学时为四学时.

20.3.1 实验目的

1. 掌握口令破解的方法.

2. 理解弱口令的危害.

3. 掌握口令安全设计方法.

20.3.2 实验理论与方法

口令保护是目前互联网攻击的最常见现象.一旦合法用户的口令被破解，攻击者就拥有了合法用户的所有权限.攻击者通常采用穷搜攻击或者组合攻击获得合法用户的口令.如果用户使用简单的口令，则攻击者很容易就能够用工具破解.

20.3.3 实验内容

1. 用 Advanced Office Password Recovery 破解 Office 保护口令和加密口令.

2. 用 Yxpjq 邮箱口令工具破解简单邮箱密码.

3. 用压缩包密码破解工具破解压缩密码.

4. 设置不同复杂程度口令查看破解的时间与难易程度.

20.3.4 实验仪器

计算机、互联网网络设备、Advanced Office Password Recovery、Yxpjq 邮箱口令工具和压缩包密码破解工具软件.

20.3.5 实验步骤和结果分析

按实验内容编写实验步骤，通过实验写出实验结果并进行分析，最后撰写实验报告.

20.3.6 收获与思考

读者完成.

20.4 网络监听与网络攻击

实验类型为基础演示性实验；实验学时为四学时.

20.4.1 实验目的

1. 掌握网络监听的方法与危害.

2. 掌握网络攻击的方法与危害.

20.4.2 实验理论与方法

由于网络传输协议是公开的，攻击者可以由已知的网络协议通过截取数据包获得网络传输的信息.同时由于网络的脆弱性，存在着不同程度的缺陷，攻击者可以利用这样的缺陷达到攻击网络系统、使网络系统瘫痪的目的.

20.4.3 实验内容

1. 使用网络监听工具 Iris(或 Ethereal)获取用户的关键信息，例如邮箱的密码，分析协议数据包 TCP 协议，ARP 协议．

2．用 Iris (netwox)进行 IP 和 ARP 欺骗实验．

3．用 Nmap 进行网络扫描，扫描某一网页的计算机、开放的端口、拓扑．扫描与其 IP 相近的计算开放端口、安装操作系统的情况．

20.4.4　实验仪器

台式主机、互联网网络设备、Iris 和 Nmap 软件．

20.4.5　实验步骤和结果分析

按实验内容编写实验步骤，通过实验写出实验结果并进行分析，最后撰写实验报告．

20.4.6　收获与思考

读者完成．

第 21 章　金融数学

金融数学主要是运用数学方法研究金融行业中的投(融)资问题．金融数学理论以 20 世纪 50 年代的投资组合理论，60 年代的资本资产定价模型以及 70 年代的布莱克—斯科尔斯期权定价公式为基本内容．通过对实际问题的提炼分析建立其数学模型，借助计算机技术来分析金融问题是金融数学的基本工作．金融数学实验课程是基于 Excel 和 VBA 的金融建模分析，包括股票、期权和投资组合等金融领域的数学模型．在这些问题的讨论中，将简要地描述金融、数学、数值方法和 Excel 计算方面的一些特点．

21.1　证券投资组合最优化 I

实验类型为验证设计性实验；实验学时为八学时．

21.1.1　实验目的

1. 了解 Excel 软件的基本操作．
2. 掌握 Excel 软件中的矩阵运算．
3. 了解 Excel 软件中的规划求解命令．
4. 掌握证券组合收益、收益率和风险的矩阵表示和计算．

21.1.2　实验理论与方法

收益率　$r=\frac{w_1-w_0}{w_0}$,

预期收益率　$Er=E\left(\frac{w_1-w_0}{w_0}\right)$,

证券组合 $\boldsymbol{P}$ 向量　$\boldsymbol{X}=(x_1, x_2, \cdots, x_N)^{\mathrm{T}}$，$\sum_{i=1}^{n} x_i = x_1+x_2+\cdots+x_n=1$,

收益率　$r_{\boldsymbol{P}} = \sum_{i=1}^{n} x_i r_i = x_1 r_1 + x_2 r_2 + \cdots + x_n r_n$,

预期收益率　$\bar{r}_{\boldsymbol{P}} = Er_{\boldsymbol{P}} = E\sum_{i=1}^{n} x_i r_i = \sum_{i=1}^{n} x_i Er_i = \sum_{i=1}^{n} x_i \bar{r}_i$,

方差　$\sigma_{\boldsymbol{P}}^2=E(r_{\boldsymbol{P}}-\bar{r}_{\boldsymbol{P}})^2=\boldsymbol{X}^{\mathrm{T}}\boldsymbol{V}\boldsymbol{X}$,

协方差矩阵　$\boldsymbol{V}=(\sigma_{ij})_{N\times N}=\begin{pmatrix}\sigma_{11} & \cdots & \sigma_{1N}\\ \vdots & & \vdots\\ \sigma_{N1} & \cdots & \sigma_{NN}\end{pmatrix}$.

21.1.3　实验内容

一个由三支股票 A，B，C 构成的组合，投资者对它们的期望收益率分别估计为0.15，0.22，0.18，期初投资额度为11250元，对此组合的投资方案及其价格见表21.1.

表21.1　实验数据表

单位：元

证券	股数	初始股价	期末股价	期初股票市值	期末股票市值
A	100	30	40 (if)	3000	4000 (if)
B	150	25	35 (if)	3750	5250 (if)
C	100	45	60 (if)	4500	6000 (if)
总计				11250	15250 (if)

1. 求证券组合.
2. 计算组合的期望收益率.
3. 计算组合的真实收益率.
4. 如果协方差矩阵为 $\mathbf{V}=\begin{pmatrix}140 & 200 & 150\\200 & 800 & 120\\150 & 120 & 300\end{pmatrix}$，则组合收益率的方差是多少？

21.1.4　实验仪器

计算机和Excel软件.

21.1.5　实验步骤和结果分析

按实验内容编写实验步骤，通过实验写出实验结果并进行分析，最后撰写实验报告.

21.1.6　收获与思考

读者完成.

21.2　证券投资组合最优化Ⅱ

实验类型为验证设计性实验；实验学时为八学时.

21.2.1　实验目的

1. 了解Excel软件中优化函数命令的操作.
2. 通过组合的风险—收益分析，理解投资组合分析中的均值—方差方法.
3. 掌握求解二次规划问题，通过解二次规划计算有效投资组合(点).
4. 掌握通过有效投资组合(点)构造有效前沿曲线的方法.

21.2.2 实验理论与方法

$\bar{\boldsymbol{r}}=(\bar{r}_1, \bar{r}_2, \cdots, \bar{r}_N)^{\mathrm{T}}$，$\boldsymbol{X}=(x_1, x_2, \cdots, x_N)^{\mathrm{T}}$.

记 $\boldsymbol{I}=(1, 1, \cdots, 1)^{\mathrm{T}}$，$\bar{r}_{\boldsymbol{P}}=\boldsymbol{X}^{\mathrm{T}}\bar{\boldsymbol{r}}$，$\sigma_{\boldsymbol{P}}^2=\boldsymbol{X}^{\mathrm{T}}\boldsymbol{V}\boldsymbol{X}$.

对于指定的期望收益率，方差最小的证券组合应该是有效前沿组合，因此求解证券的前沿组合可以转化为解下列二次规划问题：

$$\min \frac{1}{2}\boldsymbol{X}^{\mathrm{T}}\boldsymbol{V}\boldsymbol{X}$$

$$\text{s. t } \bar{r}_{\boldsymbol{P}}=\boldsymbol{X}^{\mathrm{T}}\bar{\boldsymbol{r}}, \ \boldsymbol{X}^{\mathrm{T}}\boldsymbol{I}=1.$$

可解得
$$\frac{\sigma_{\boldsymbol{P}}^2}{1/C}-\frac{\left(\bar{r}_{\boldsymbol{P}}-\dfrac{A}{C}\right)^2}{D/C^2}=1.$$

21.2.3 实验内容

设证券 A，B 的收益率如表 21.2 所示．

表 21.2 实验数据表

状态	状态概率	证券 A(%)	证券 B(%)
1	0.2	18	0
2	0.2	5	−3
3	0.2	12	15
4	0.2	4	12
5	0.2	6	1

1. 计算下列在 A，B 证券上的组合的期望收益率和方差．

$$\begin{pmatrix}1\\0\end{pmatrix}, \begin{pmatrix}0.75\\0.25\end{pmatrix}, \begin{pmatrix}0.5\\0.5\end{pmatrix}, \begin{pmatrix}0.25\\0.75\end{pmatrix}, \begin{pmatrix}0\\1\end{pmatrix}.$$

2. 求具有最小方差的证券组合．

3. 计算证券组合 $\boldsymbol{P}_1=\begin{pmatrix}0.75\\0.25\end{pmatrix}$ 和 $\boldsymbol{P}_2=\begin{pmatrix}0.25\\0.75\end{pmatrix}$ 之间的协方差．

4. 通过以上计算给出证券有效前沿曲线．

21.2.4 实验仪器

计算机和 Excel 软件．

21.2.5 实验步骤和结果分析

按实验内容编写实验步骤，通过实验写出实验结果并进行分析，最后撰写实验报告．

21.2.6 收获与思考

读者完成．

21.3　N 期二叉树期权定价模型与风险管理

实验类型为验证设计性实验；实验学时为八学时．

21.3.1　实验目的

1. 了解 Excel 软件中函数编写方法．
2. 理解 N 期二叉树期权定价模型．
3. 掌握 N 期二叉树期权定价原理．
4. 掌握 N 期二叉树欧式看涨(看跌)期权定价公式．
5. 会用 Excel 计算 N 期二叉树期权的内在价值，并会计算期权的价格．
6. 会用 Excel 计算(N 期二叉树)期权风险暴露情况及其管理．

21.3.2　实验理论与方法

以三期二叉树为例，假设资产价格变化如图 21.1 所示．

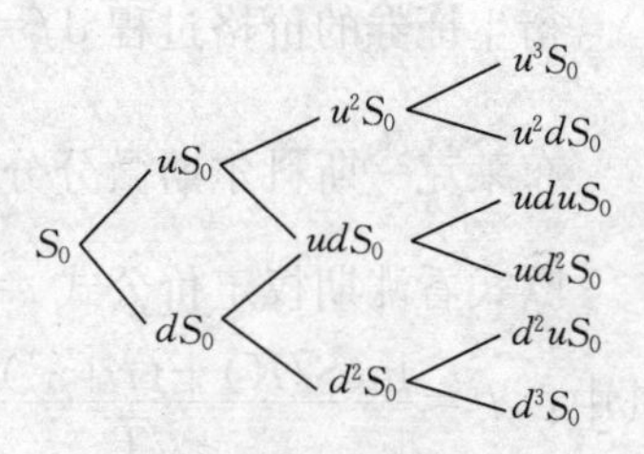

图 21.1　资产价格变化图

二叉树模型期权定价公式：

$$x=\mathrm{e}^{-r\tau}[qa+(1-q)b]，其中\ q=\frac{\mathrm{e}^{r\tau}-S_d}{S_u-S_d}.$$

风险管理对冲系数　$\Delta=\dfrac{U-D}{S_u-S_d}$.

21.3.3　实验内容

已知期数和初始价格，上升和下跌的收益率以及短期利率如表 21.3 所示，求期权价格，并用 Excel 表格计算方法讨论其风险管理．

表 21.3　实验数据表

期权种类	n	S_0	u	d	X	r
欧式看涨期权	5	90	1.3	0.9	80	0.04
欧式看跌期权	4	40	1.1	0.7	40	0.05

21.3.4　实验仪器

计算机和 Excel 软件．

21.3.5　实验步骤和结果分析

按实验内容编写实验步骤，通过实验写出实验结果并进行分析，最后撰写实验报告．

21.3.6　收获与思考

读者完成．

21.4　布莱克—斯科尔斯期权定价公式

实验类型为验证设计性实验；实验学时为八学时．

21.4.1 实验目的

1. 了解 Excel 软件中的函数编写方法．
2. 理解连续时间的期权定价模型．
3. 掌握连续时间期权定价的无套利原理．
4. 掌握连续时间的欧式看涨(看跌)期权定价公式．
5. 会用 Excel 计算布莱克—斯科尔斯期权定价公式的期权价格．
6. 通过计算，进一步理解执行价格、波动率以及生命期等因素对期权价格的影响．

21.4.2 实验理论与方法

股票价格过程 $\mathrm{d}S=\mu S\mathrm{d}t+\sigma S\mathrm{d}z$.

衍生证券的价格过程 $\mathrm{d}f=\left(\frac{\partial f}{\partial S}\mu S+\frac{\partial f}{\partial t}+\frac{1}{2}\frac{\partial^2 f}{\partial S^2}\sigma^2 S^2\right)\mathrm{d}t+\frac{\partial f}{\partial S}\sigma S\mathrm{d}z$.

布莱克—斯科尔斯微分分程 $\frac{\partial f}{\partial t}+rS\frac{\partial f}{\partial S}+\frac{1}{2}\sigma^2 S^2\frac{\partial^2 f}{\partial S^2}=rf$.

欧式看涨期权定价公式 $c=SN(d_1)-K\mathrm{e}^{-r(T-t)}N(d_2)$，

其中：$d_1=\frac{\ln(S/K)+(r+\sigma^2)T/2}{\sigma\sqrt{T}}$，

$$d_2=\frac{\ln(S/K)+(r-\sigma^2)T/2}{\sigma\sqrt{T}}=d_1-\sigma\sqrt{T}.$$

欧式看跌期权定价公式 $p=K\mathrm{e}^{-r(T-t)}N(-d_2)-S_0N(-d_1)$.

21.4.3 实验内容

根据表 21.4 数据完成相关实验．

表 21.4 实验数据表

布莱克—斯科尔斯欧式期权价格计算与比较：$S=100$，$r=10\%$							
波动率	执行价	到期期限(年)					
		买入期权			卖出期权		
		0.1	0.5	1.0	0.1	0.5	1.0
10%	90						
	100						
25%	90						
	100						
	110						
50%	90						
	100						

21.4.4　实验仪器

计算机和 Excel 软件．

21.4.5　实验步骤和结果分析

按实验内容编写实验步骤，通过实验写出实验结果并进行分析，最后撰写实验报告．

21.4.6　收获与思考

读者完成．

第22章　证券投资分析

证券投资分析实验是一门证券投资理论和方法与现代计算机技术结合的课程，主要学习Excel或者MATLAB软件在证券投资中的一些应用．通过该课程的学习，使学生加深和巩固对所学证券投资基本知识和基本原理的理解，了解MATLAB和Excel的计算功能，熟悉MATLAB的金融工具箱应用，会利用软件进行利率、债券价值、股票、期权和投资组合等证券投资问题的分析，同时撰写证券投资分析报告．

22.1　证券投资交易与证券价值分析

实验类型为验证设计性实验；实验学时为四学时．

22.1.1　实验目的

1. 熟悉MATLAB金融工具箱和绘图功能．

2. 熟悉金融交易环境、金融市场类型和股票交易软件．

3. 理解债券、股票、期权价值模型，能应用MATLAB金融工具箱进行证券价值分析．

22.1.2　实验理论与方法

1. 股票内在价值的计算方法模型

A. 现金流贴现模型．

B. 内部收益率模型．

C. 零增长模型．

D. 不变增长模型．

E. 市盈率估价模型．

2. 固定收益债券的定价模型

A. 附息债券的定价：$P=\frac{c_1}{1+r}+\frac{c_2}{(1+r)^2}+\cdots+\frac{c_n+m}{(1+r)^n}$.

B. 一次性还本付息的债券定价：$P=\frac{c+m}{(1+r)^n}$.

C. 零息债券的定价：$P=\frac{m}{(1+r)^n}$.

3. 期权定价计算方法

A. BS求解方法．

B. BS 微分方程法与有限差分法.

C. 随机过程鞅方法与蒙特卡洛模拟方法.

22.1.3　实验内容

1. 复习交易行情、交易程序与证券投资交易所规则.

2. 进行免费证券分析软件的下载、安装与调试.

3. 进行证券(股票、债券、基金等)模拟交易.

4. 通过证券软件下载一只股票最新数据(使用题 3 中的模拟投资的股票), 建立多个股票内在价值模型并利用 MATLAB 进行计算.

5. 使用不同收益的国债的数据(表 22.1、表 22.2、表 22.3), 尝试建立债券内在价值模型, 并利用 MATLAB 进行计算.

表 22.1　国债数据 1

面值	100
息票率	5%
年付息频率	2
剩余年数	7.41
到期收益率	2.50%

表 22.2　国债数据 2

面值	100
息票率	5%
年付息频率	2
到期收益率	2.50%
结算日	2009/4/5
到期日	2016/9/1
上次付息日	2009/3/1
下次付息日	2009/9/1

表 22.3　国债数据 3

面值	1000
息票率	0.05
年付息频率	2
到期收益率	0.025
结算日	2009/4/5
到期日	2016/9/1

22.1.4 实验仪器

计算机(安装 Windows 98、Windows 2000、Windows XP 或以上版本)、MATLAB 软件、投影仪.

22.1.5 实验步骤和结果分析

按实验内容编写实验步骤，通过实验写出实验结果并进行分析，最后撰写实验报告.

22.1.6 收获与思考

读者完成.

22.1.7 思考题

1. 使用表 22.4 数据建立期权定价模型并利用 MATLAB 进行期权投资计算与模拟.

表 22.4 期权案例

即期股价	50
执行价	50
时间	0.5
利率	5.0%
连续股利	0%
波动性	20%
Call - Put	1

2. 使用表 22.5 数据利用 MATLAB 或者 Excel 进行债券和期权灵敏度的分析.

表 22.5 债券数据

债券面值	100
息票率	5%
付息频率	2
到期收益率	5%
结算日	2009/4/1
到期日	2010/4/1
计时基准	1
债券价格	100

22.2 证券投资组合与 CAPM 检验

实验类型为验证设计性实验；实验学时为四学时.

22.2.1　实验目的

1. 理解资产组合收益率和风险的计算方法，熟练掌握收益率与风险的计算程序．

2. 进一步理解最优投资组合模型，并据此构建多项资产的最优投资组合．

3. 进一步理解资本资产定价模型(CAPM)的基本思想以及在股票分析中的应用．

22.2.2　实验理论与方法

1. 资本市场线的表达式：

$$E(R_p)=R_f+\frac{E(R_M)-R_f}{\sigma_M}\sigma_p,$$

其中：$E(R_p)$、σ_p 分别代表有效组合的预期收益率与标准差，R_f 表示无风险收益率，$E(R_M)$、σ_M 分别表示市场组合的预期收益率与标准差．

2. 证券市场线的表达式：

$$E(R_i)=R_f+\frac{E(R_M)-R_f}{\sigma_M^2}\sigma_{iM},$$

其中：$E(R_i)$、$E(R_M)$分别代表单个证券和市场组合的预期收益率，R_f 表示无风险收益率，σ_{iM}表示单个证券与市场组合的协方差，σ_M^2 表示市场组合的方差．证券市场线反映了单个证券与市场组合的协方差和其预期收益率之前的均衡关系．

3. CAPM 资本资产定价模型：

$$E(R_i)=R_f+[E(R_M)-R_f]\beta_{iM},$$

其中 $\beta_{iM}=\frac{\sigma_{iM}}{\sigma_M^2}$.

4. 最优投资组合模型：对于目标函数为风险最小的投资组合优化模型，用投资回报率的样本方差对投资回报率 R 的方差进行估计，同时使用投资回报率的样本均值作为投资总回报率 R 的期望估计值．该模型的形式如下：

$$\text{o. b.} \min \sigma_p = r_1^2\sigma_1^2 + r_2^2\sigma_2^2 + \cdots + r_m^2\sigma_m^2 + \sum_{i\neq j} r_i r_j \rho_{ij}\sigma_i\sigma_j$$

$$\text{s. t.}\begin{cases}E(r_p) = r_1\mu_1 + r_2\mu_2 + \cdots + r_m\mu_m \geqslant p,\\ r_1 + r_2 + \cdots + r_m = 1,\\ r_1,\ r_2,\ \cdots,\ r_m \geqslant 0,\end{cases}$$

其中 R 为投资组合的总回报率，r_1，r_2，…，r_m 为第 1 至第 m 个项目的投资比例(决策变量)，σ_1^2，σ_2^2，…，σ_m^2 为第 1 至第 m 个项目的单项回报率的方差；ρ_{ij} 为第 i 个投资项目与第 j 个投资项目的相关系数；μ_1，μ_2，…，μ_m 为第 1 至第 m 个项目的单项期望回报率，p 为投资者要求的回报率水平．

22.2.3 实验内容

1. 使用表22.6的数据运用Excel进行股票投资以及投资组合收益率与风险的计算.

表 22.6 股票数据

		浦发银行	中信证券	中金黄金	三一重工	海螺水泥	雅戈尔
1	Sep-09	19.65	25.01	54.25	33.18	43.03	12.27
2	Aug-09	17.84	24.5	50.03	28.51	39.29	11.53
3	Jul-09	27.17	38.03	63.36	33.29	48.41	15.06
4	Jun-09	23.02	28.26	65.88	28.77	42.14	13.79
5	May-09	25.65	25.43	76.73	25.22	41.53	11.24
6	Apr-09	23.17	24.25	59.99	25.96	44.37	11.37
7	Mar-09	21.92	25.47	59.32	23.35	35.08	10.18
8	Feb-09	17.78	21.37	49.96	20.36	31.53	8.71
9	Jan-09	16.69	21.77	36.35	19.46	28.79	8.54
10	Dec-08	13.25	17.97	37.24	13.93	25.93	7.21
11	Nov-08	11.99	19.56	29.99	16.21	26.57	7.67
12	Oct-08	11.74	17.84	25.06	11.13	16.96	7.47
13	Sep-08	15.62	24.76	33.7	16.15	26.23	10.82
14	Aug-08	21.97	20.11	31.4	15.25	30.06	9.73
15	Jul-08	22.71	22.6	46.6	20.73	36.92	10.9
16	Jun-08	22	23.92	49.41	27.6	39.99	10.24
17	May-08	28.12	34.24	64.83	37.74	57.53	14.09
18	Apr-08	32.4	39.64	59.08	37.91	60.03	17.06
19	Mar-08	35.4	52.5	78.45	38.52	53.5	15.47
20	Feb-08	42.13	62.86	105.02	54.75	66.6	21.01
21	Jan-08	46	68.12	105.39	52.46	68.1	20.91
22	Dec-07	52.8	89.27	113.2	56.61	72.82	23.7
23	Nov-07	51.89	83.89	84.07	43.61	64.78	21.14
24	Oct-07	58.79	105.93	124.84	63.42	81.95	28.44
25	Sep-07	52.5	96.71	139.34	50.66	83.52	27.03
26	Aug-07	55	88.99	106.51	51.81	65.68	29.94

（续）

		浦发银行	中信证券	中金黄金	三一重工	海螺水泥	雅戈尔
27	Jul-07	40.25	65.63	67.1	45.23	51.94	28.99
28	Jun-07	36.59	52.97	46.41	43.89	58.96	25.71
29	May-07	33.76	54.08	41.4	35.22	54.85	30.59
30	Apr-07	26.9	58.86	45.36	30.7	40.33	26.57
31	Mar-07	26.72	42.88	31.73	40.14	32.88	14.91
32	Feb-07	22.32	36.98	32.67	34.05	28.94	13.27
33	Jan-07	24.99	34.84	20.13	35.55	32.38	10.38
34	Dec-06	21.31	27.29	18.62	31.79	29.89	8.44
35	Nov-06	16.83	18.63	20.54	20.96	25.91	6.2
36	Oct-06	13.98	14.67	15.71	18.83	18.04	5.59
37	Sep-06	10.62	14.92	17.21	16.08	15.44	5.43
38	Aug-06	9.83	13.83	19.39	12.5	14.33	5.44
39	Jul-06	8.8	13.34	19.73	11.43	12.76	5.23
40	Jun-06	9.91	15.68	18.6	14.19	13.74	6.04
41	May-06	9.97	15.08	28.32	10.82	14.12	6.01
42	Apr-06	10.72	11.68	21.28	8.46	11.15	3.68
43	Mar-06	10.72	7.53	14.56	7.11	9.96	3.68
44	Feb-06	12.03	6.32	11.01	5.97	10.11	3.69
45	Jan-06	11.12	6.92	11.6	6.36	8.73	3.63
46	Dec-05	9.62	5.11	7.41	6.55	8.32	3.14
47	Nov-05	8.7	4.9	6.46	5.9	7.23	2.97
48	Oct-05	8.41	4.43	6.56	5.64	6.74	3.03
49	Sep-05	8.19	5.25	7.13	6.2	6.36	3.33
50	Aug-05	8.37	4.89	6.84	6.8	6.28	3.49
51	Jul-05	8.23	6.19	6.22	7.43	5.97	3.34
52	Jun-05	7.55	5.81	6.42	7.59	5.76	3.39
53	May-05	6.61	4.89	5.94	18.65	5.42	3.18
54	Apr-05	6.81	5.24	6.69	16.51	5.34	3.7

(续)

		浦发银行	中信证券	中金黄金	三一重工	海螺水泥	雅戈尔
55	Mar-05	6.71	4.2	6.01	15.14	5.66	4.97
56	Feb-05	7.51	5.48	6.66	17.82	7.53	5.74
57	Jan-05	7.15	4.89	5.62	15.34	6.89	4.99
58	Dec-04	6.79	5.8	6.83	16.75	6.96	4.66
59	Nov-04	7.02	6.69	7.26	18.24	7.87	5.23
60	Oct-04	7.19	6.7	6.3	18.86	7.78	5.37
61	Sep-04	8.24	6.64	6.59	20.43	11.34	5.85

2. 使用表 22.7、表 22.8 的数据，运用 Excel 进行最优投资组合的求解．

表 22.7　方 差 表

	浦发银行	中信证券	中金黄金	三一重工	海螺水泥	雅戈尔
平均回报	0.301	0.494	0.725	0.367	0.446	0.340
标准差	0.500	0.685	0.804	0.706	0.599	0.656

表 22.8　协方差矩阵表

	浦发银行	中信证券	中金黄金	三一重工	海螺水泥	雅戈尔	权重
浦发银行	0.250	0.178	0.110	0.153	0.185	0.124	0.417
中信证券	0.178	0.469	0.327	0.237	0.197	0.273	−0.061
中金黄金	0.110	0.327	0.646	0.112	0.188	0.229	0.301
三一重工	0.153	0.237	0.112	0.498	0.238	0.163	0.144
海螺水泥	0.185	0.197	0.188	0.238	0.359	0.207	0.107
雅戈尔	0.124	0.273	0.229	0.163	0.207	0.430	0.092

3. 使用表 22.9 的数据运用 Excel 计算股票贝塔因子．

表 22.9　实验数据

	沪指	中信证券	沪指回报	中信证券回报
Sep-09	2779.43	25.01	0.041863	0.020816
Aug-09	2667.75	24.5	−0.21814	−0.35577

（续）

	沪指	中信证券	沪指回报	中信证券回报
Jul-09	3412.06	38.03	0.152972	0.345718
Jun-09	2959.36	28.26	0.12398	0.111286
May-09	2632.93	25.43	0.062707	0.04866
Apr-09	2477.57	24.25	0.043974	−0.0479
Mar-09	2373.21	25.47	0.139405	0.191858
Feb-09	2082.85	21.37	0.046311	−0.01837
Jan-09	1990.66	21.77	0.093283	0.211464
Dec-08	1820.81	17.97	−0.02691	−0.08129
Nov-08	1871.16	19.56	0.082352	0.096413
Oct-08	1728.79	17.84	−0.24631	−0.27948
Sep-08	2293.78	24.76	−0.04321	0.231228
Aug-08	2397.37	20.11	−0.13631	−0.11018
Jul-08	2775.72	22.6	0.01448	−0.05518
Jun-08	2736.1	23.92	−0.20308	−0.3014
May-08	3433.35	34.24	−0.07034	−0.13623
Apr-08	3693.11	39.64	0.063466	−0.24495
Mar-08	3472.71	52.5	−0.20141	−0.16481
Feb-08	4348.54	62.86	−0.00795	−0.07722
Jan-08	4383.39	68.12	−0.1669	−0.23692
Dec-07	5261.56	89.27	0.080008	0.064132
Nov-07	4871.78	83.89	−0.18187	−0.20806
Oct-07	5954.77	105.93	0.072487	0.095337
Sep-07	5552.3	96.71	0.063897	0.086751
Aug-07	5218.83	88.99	0.167255	0.355935
Jul-07	4471.03	65.63	0.170212	0.239003
Jun-07	3820.7	52.97	−0.07031	−0.02053
May-07	4109.65	54.08	0.069868	−0.08121
Apr-07	3841.27	58.86	0.206437	0.372668
Mar-07	3183.98	42.88	0.105138	0.159546
Feb-07	2881.07	36.98	0.034002	0.061424
Jan-07	2786.33	34.84	0.041436	0.276658
Dec-06	2675.47	27.29	0.274464	0.464842

（续）

	沪指	中信证券	沪指回报	中信证券回报
Nov-06	2099.29	18.63	0.142166	0.269939
Oct-06	1837.99	14.67	0.04883	−0.01676
Sep-06	1752.42	14.92	0.05654	0.078814
Aug-06	1658.64	13.83	0.028467	0.036732
Jul-06	1612.73	13.34	−0.03557	−0.14923
Jun-06	1672.21	15.68	0.018833	0.039788
May-06	1641.3	15.08	0.139618	0.291096
Apr-06	1440.22	11.68	0.109312	0.551129
Mar-06	1298.3	7.53	−0.00056	0.191456
Feb-06	1299.03	6.32	0.032574	−0.08671
Jan-06	1258.05	6.92	0.083536	0.354207
Dec-05	1161.06	5.11	0.05622	0.042857
Nov-05	1099.26	4.9	0.005893	0.106095
Oct-05	1092.82	4.43	−0.05433	−0.15619
Sep-05	1155.61	5.25	−0.00618	0.07362
Aug-05	1162.8	4.89	0.073654	−0.21002
Jul-05	1083.03	6.19	0.001934	0.065404
Jun-05	1080.94	5.81	0.019043	0.188139
May-05	1060.74	4.89	−0.0849	−0.06679
Apr-05	1159.15	5.24	−0.0187	0.247619
Mar-05	1181.24	4.2	−0.09553	−0.23358
Feb-05	1306	5.48	0.095803	0.120654
Jan-05	1191.82	4.89	−0.05897	−0.1569
Dec-04	1266.5	5.8	−0.05539	−0.13303
Nov-04	1340.77	6.69	0.015319	−0.00149
Oct-04	1320.54	6.7	−0.05453	0.009036
Sep-04	1396.7	6.64	0.040714	0.048973
Aug-04	1342.06	6.33	−0.03184	0.074703
Jul-04	1386.2	5.89	−0.00926	−0.13763
Jun-04	1399.16	6.83	−0.10074	−0.09296
May-04	1555.91	7.53	−0.02487	0.012097
Apr-04	1595.59	7.44	−0.08385	−0.17333

（续）

	沪指	中信证券	沪指回报	中信证券回报
Mar-04	1741.62	9	0.03973	−0.04762
Feb-04	1675.07	9.45	0.05302	0.18125
Jan-04	1590.73	8	0.062583	0.059603
Dec-03	1497.04	7.55	0.071434	0.100583
Nov-03	1397.23	6.86	0.03629	0.053763
Oct-03	1348.3	6.51	−0.0138	−0.06867
Sep-03	1367.16	6.99		

4. 使用表22.10的数据，运用Excel回归分析进行股票CAPM模型的检验.

表22.10　实验数据

0		招商银行	浦发银行	中信证券	中金黄金	三一重工	海螺水泥	雅戈尔	沪指	市场组合
1	Sep-09	0.08	0.10	0.02	0.08	0.16	0.10	0.06	0.04	0.10
2	Aug-09	−0.31	−0.34	−0.36	−0.21	−0.14	−0.19	−0.23	−0.22	−0.21
3	Jul-09	−0.12	0.18	0.35	−0.04	0.16	0.15	0.09	0.15	0.12
4	Jun-09	0.33	−0.10	0.11	−0.14	0.14	0.01	0.23	0.12	−0.15
5	May-09	0.09	0.11	0.05	0.28	−0.03	−0.06	−0.01	0.06	0.14
6	Apr-09	−0.03	0.06	−0.05	0.01	0.11	0.26	0.12	0.04	0.11
7	Mar-09	0.12	0.23	0.19	0.19	0.15	0.11	0.17	0.14	0.19
8	Feb-09	0.06	0.07	−0.02	0.37	0.05	0.10	0.02	0.05	0.24
9	Jan-09	0.11	0.26	0.21	−0.02	0.40	0.11	0.18	0.09	0.12
10	Dec-08	0.04	0.11	−0.08	0.24	−0.14	−0.02	−0.06	−0.03	0.12
11	Nov-08	0.00	0.02	0.10	0.20	0.46	0.57	0.03	0.08	0.34
12	Oct-08	−0.34	−0.25	−0.28	−0.26	−0.31	−0.35	−0.31	−0.25	−0.27
13	Sep-08	−0.24	−0.29	0.23	0.07	0.06	−0.13	0.11	−0.04	−0.01
14	Aug-08	−0.02	−0.03	−0.11	−0.33	−0.26	−0.19	−0.11	−0.14	−0.27
15	Jul-08	0.02	0.03	−0.06	−0.06	−0.25	−0.08	0.06	0.01	−0.09
16	Jun-08	−0.21	−0.22	−0.30	−0.24	−0.27	−0.30	−0.27	−0.20	−0.26
17	May-08	−0.15	−0.13	−0.14	0.10	0.00	−0.04	−0.17	−0.07	0.04
18	Apr-08	0.09	−0.08	−0.24	−0.25	−0.02	0.12	0.10	0.06	−0.16
19	Mar-08	0.01	−0.16	−0.16	−0.25	−0.30	−0.20	−0.26	−0.20	−0.26
20	Feb-08	−0.02	−0.08	−0.08	0.00	0.04	−0.02	0.00	−0.01	−0.02

（续）

0		招商银行	浦发银行	中信证券	中金黄金	三一重工	海螺水泥	雅戈尔	沪指	市场组合
21	Jan-08	−0.18	−0.13	−0.24	−0.07	−0.07	−0.06	−0.12	−0.17	−0.07
22	Dec-07	0.01	0.02	0.06	0.35	0.30	0.12	0.12	0.08	0.26
23	Nov-07	−0.14	−0.12	−0.21	−0.33	−0.31	−0.21	−0.26	−0.18	−0.27
24	Oct-07	0.19	0.12	0.10	−0.10	0.25	−0.02	0.05	0.07	−0.03
25	Sep-07	0.01	−0.05	0.09	0.31	−0.02	0.27	−0.10	0.06	0.24
26	Aug-07	0.28	0.37	0.36	0.59	0.15	0.26	0.03	0.17	0.46
27	Jul-07	0.22	0.10	0.24	0.45	0.03	−0.12	0.13	0.17	0.19
28	Jun-07	0.13	0.08	−0.02	0.12	0.25	0.07	−0.16	−0.07	0.13
29	May-07	0.12	0.26	−0.08	−0.09	0.15	0.36	0.15	0.07	0.10
30	Apr-07	0.12	0.01	0.37	0.43	−0.24	0.23	0.78	0.21	0.19
31	Mar-07	0.08	0.20	0.16	−0.03	0.18	0.14	0.12	0.11	0.08
32	Feb-07	−0.06	−0.11	0.06	0.62	−0.04	−0.11	0.28	0.03	0.26
33	Jan-07	0.05	0.17	0.28	0.08	0.12	0.08	0.23	0.04	0.11
34	Dec-06	0.25	0.27	0.46	−0.09	0.52	0.15	0.36	0.27	0.09
35	Nov-06	0.26	0.20	0.27	0.31	0.11	0.44	0.11	0.14	0.31
36	Oct-06	0.05	0.32	−0.02	−0.09	0.17	0.17	0.03	0.05	0.09
37	Sep-06	0.18	0.08	0.08	−0.11	0.29	0.08	0.00	0.06	0.00
38	Aug-06	0.16	0.12	0.04	−0.02	0.09	0.12	0.04	0.03	0.04
39	Jul-06	−0.04	−0.11	−0.15	0.06	−0.19	−0.07	−0.13	−0.04	−0.03
40	Jun-06	0.08	−0.01	0.04	−0.34	0.31	−0.03	0.00	0.02	−0.16
41	May-06	0.01	−0.07	0.29	0.33	0.28	0.27	0.63	0.14	0.24
42	Apr-06	0.12	0.00	0.55	0.46	0.19	0.12	0.00	0.11	0.31
43	Mar-06	−0.04	−0.11	0.19	0.32	0.19	−0.01	0.00	0.00	0.19
44	Feb-06	−0.13	0.08	−0.09	−0.05	−0.06	0.16	0.02	0.03	0.05
45	Jan-06	0.17	0.16	0.35	0.57	−0.03	0.05	0.16	0.08	0.32
46	Dec-05	0.02	0.11	0.04	0.15	0.11	0.15	0.06	0.06	0.16
47	Nov-05	0.02	0.03	0.11	−0.02	0.05	0.07	−0.02	0.01	0.03
48	Oct-05	0.00	0.03	−0.16	−0.08	−0.09	0.06	−0.09	−0.05	−0.03
49	Sep-05	−0.07	−0.02	0.07	0.04	−0.09	0.01	−0.05	−0.01	0.03
50	Aug-05	0.00	0.02	−0.21	0.10	−0.08	0.05	0.04	0.07	0.04
51	Jul-05	0.11	0.09	0.07	−0.03	−0.02	0.04	−0.01	0.00	0.00

（续）

0		招商银行	浦发银行	中信证券	中金黄金	三一重工	海螺水泥	雅戈尔	沪指	市场组合
52	Jun-05	−0.28	0.14	0.19	0.08	−0.59	0.06	0.07	0.02	0.06
53	May-05	−0.09	−0.03	−0.07	−0.11	0.13	0.01	−0.14	−0.08	−0.02
54	Apr-05	0.08	0.01	0.25	0.11	0.09	−0.06	−0.26	−0.02	0.08
55	Mar-05	−0.01	−0.11	−0.23	−0.10	−0.15	−0.25	−0.13	−0.10	−0.17
56	Feb-05	0.03	0.05	0.12	0.19	0.16	0.09	0.15	0.10	0.15
57	Jan-05	0.02	0.05	−0.16	−0.18	−0.08	−0.01	0.07	−0.06	−0.11
58	Dec-04	−0.04	−0.03	−0.13	−0.06	−0.08	−0.12	−0.11	−0.06	−0.08
59	Nov-04	−0.02	−0.02	0.00	0.15	−0.03	0.01	−0.03	0.02	0.08
60	Oct-04	−0.05	−0.13	0.01	−0.04	−0.08	−0.31	−0.08	−0.05	−0.14

22.2.4　实验仪器

计算机（安装 Windows 98、Windows 2000、Windows XP 或以上版本）、Excel软件、投影仪．

22.2.5　实验步骤和结果分析

按实验内容编写实验步骤，通过实验写出实验结果并进行分析，最后撰写实验报告．

22.2.6　收获与思考

读者完成．

22.2.7　思考题

1. 应用 Excel 作图分别画出投资组合可行性边界、资本市场线、证券市场线．

2. 进行上证指数的 CAPM 模型的检验．

22.3　证券投资基本面分析与统计分析

实验类型为验证设计性实验；实验学时为四学时．

22.3.1　实验目的

1. 学会获取宏观经济数据、行业情况、上市公司经营状况及财务报告等基本面的数据．

2. 掌握证券投资基本面分析、宏观经济分析、公司分析和行业分析等理论，并运用理论进行选择投资对象和投资时机．

3. 掌握回归方法、聚类分析、因子分析等统计方法，并会用 SPSS 软件进行证券投资的统计分析．

22.3.2 实验理论与方法

1. 宏观经济分析

主要探讨宏观经济运行状况和宏观经济政策对证券投资活动和证券市场的影响.

2. 行业分析

主要探讨产业和区域经济对证券价格的影响.行业分析主要探讨行业所属的市场类型、所处的生命周期、影响行业发展的因素以及行业业绩对证券价格的影响.区域经济分析主要探讨区域经济因素对证券投资的影响.

3. 公司分析

主要是对上市公司的成长周期、内部组织管理、发展潜力、竞争能力、盈利能力、财务状况及经营业绩等进行全面分析.

4. 统计方法以及数据挖掘方法

因子分析、聚类分析、时间序列分析、回归分析以及决策树等方法.

22.3.3 实验内容

1. 收集最新宏观经济数据，从而完成基本面分析之一宏观经济分析.

2. 根据实验一中模拟投资的股票所属行业，收集某行业数据，从而进行基本面分析之二行业分析.

3. 根据实验一中的模拟投资的股票，收集某上市公司财务数据，从而进行基本面分析之三公司分析.

4. 运用SPSS软件，使用聚类分析与因子分析进行上市公司财务数据分析(数据网址链接：http：//202.116.160.98：8000/Coursel gll/jpkc/).

22.3.4 实验仪器

计算机(安装 Windows 98、Windows 2000、Windows XP 或以上版本)、统计软件SPSS、投影仪.

22.3.5 实验步骤和结果分析

按实验内容编写实验步骤，通过实验写出实验结果并进行分析，最后撰写实验报告.

22.3.6 收获与思考

读者完成.

22.3.7 思考题

使用SPSS软件运用时间序列分析、逻辑回归分析以及数据挖掘方法等对股票数据进行投资价值分析.

22.4 证券投资技术分析

实验类型为验证设计性实验；实验学时为四学时.

22.4.1　实验目的

1. 掌握波形理论和指标分析理论．

2. 掌握图形分析、趋势分析和成交量分析方法．

3. 会用软件进行股票数据的技术分析．

4. 根据市场行情和个人模拟账户，分别写出阶段性分析报告和期末投资分析报告．

22.4.2　实验理论与方法

技术分析法是根据证券市场的情况或过去发展的轨迹来分析证券价格变动趋势的方法．其特点是通过对市场过去和现在的行为，应用数学和逻辑的方法，归纳总结一些典型的行为，据以预测证券市场未来的变化趋势．市场行为包括价格与成交量的高低及其变化以及完成这些变化所经历的时间．

股票技术分析法是利用市场交易行情的记录，把各种证券每天、每周、每月甚至更长时间的开盘价、最高价、最低价、成交量等进行统计分析，使股票投资者通过分析买卖双方的力量对比态势，找出股市涨、跌的信号，预测股票市场大势及个股的趋势，为投资者的投资决策服务．在价格、数量、时间、空间等历史资料的基础上进行统计、数学计算和图表绘制，是技术分析方法的主要手段．按功能划分，技术分析法可分为趋势分析、形状分析和人气指标分析．按差异性大小划分，技术分析方法又包括指标法、切线法、形态法、K线法、波浪法五种．

22.4.3　实验内容

1. 对实验一中模拟投资的股票，收集最新股票数据，进行盘面分析与价量关系分析．

2. 对实验一中模拟投资的股票，收集最新股票数据，进行K线形态分析．

3. 对实验一中模拟投资的股票，收集最新股票数据，进行移动平均线的分析．

4. 对实验一中模拟投资的股票，收集最新股票数据，进行KDJ指标的运用和乖离率指标的分析．

5. 对实验一中模拟投资的股票，收集最新股票数据，进行趋势分析．

6. 对实验一中模拟投资的股票，收集最新股票数据，进行头肩顶形态的判别．

22.4.4　实验仪器

计算机(安装 Windows 98、Windows 2000、Windows XP 或以上版本)、投影仪.

22.4.5 实验步骤和结果分析

按实验内容编写实验步骤，通过实验写出实验结果并进行分析，最后撰写实验报告．

22.4.6 收获与思考

读者完成．

22.4.7 思考题

建立实际投资的模拟账户，并进行模拟投资，根据实际股票数据完成投资分析综合报告(包括宏观分析、行业分析、公司分析、内在价值分析以及技术分析等).

第 23 章　保险精算

保险精算实验是一门精算理论和方法与现代计算机技术结合的课程，主要学习数学软件 MATLAB 或 Excel 在利率分析、保单评估中的一些应用．通过该课程的学习，使学生巩固精算的基本知识和加深对精算理论的理解，会用 MATLAB 或 Excel 进行保单利率、死亡率、保费、准备金、现金价值等的计算与分析．

23.1　利息理论与应用

实验类型为基础演示性实验；实验学时为四学时．

23.1.1　实验目的

1. 熟悉 Excel 基本命令与操作，能利用它进行绘图．

2. 通过实际数据，比较在相同时间单利计息方式和复利计息方式的异同点．

3. 掌握利息理论中的基本原理和银行贷款方式．

4. 会用利息理论、MATLAB 或 Excel 建立并求解银行贷款模型．

23.1.2　实验理论与方法

金额函数 $A(t)$：零时刻本金 K 经过时间 t 的累积值记为 $A(t)$.

本金：$I(t)=A(t)-A(0)$.

累积函数 $a(t)$：零时刻单位本金 1 经过时间 t 的累积值记为 $a(t)$.

$$a(t)=\frac{A(t)}{A(0)}.$$

贴现函数 $a^{-1}(t)$：t 时刻单位累积值 1 在零时刻的现值记为 $a^{-1}(t)$.

第 N 期利息 $I(n)=A(n)-A(n-1)$.

利息率：$i_n=\dfrac{A(n)-A(n-1)}{A(n-1)}=\dfrac{I(n)}{A(n-1)}=\dfrac{a(n)-a(n-1)}{a(n-1)}=\dfrac{I(n)}{a(n-1)}$.

单利(线性积累)：

$$a(t)=1+it,\ i_n=\frac{i}{1+(n-1)i};$$

$$\begin{cases}A(1)=A(0)+A(0)i_1=A(0)(1+i_1),\\A(2)=A(0)(1+i_1)+A(0)i_2=A(0)(1+i_1+i_2),\\A(n)=A(0)(1+i_1+i_2+\cdots+i_n).\end{cases}$$

特别地，当各年利率相等时，有

$$A(t)=A(0)(1+it),\ t\geqslant 0,\ a(t)=1+it,$$

$$i_n=\frac{1+in-[1+i(n-1)]}{1+i(n-1)}=\frac{i}{1+i(n-1)}.$$

复利(指数积累)：

$$a(t)=(1+i)^t,\ i_n=i;$$

$$\begin{cases}A(1)=A(0)+A(0)i_1=A(0)(1+i_1),\\A(2)=A(0)(1+i_1)(1+i_2),\\A(n)=A(0)(1+i_1)(1+i_2)\cdots(1+i_n).\end{cases}$$

特别地，当各年利率相等时，有

$$A(n)=A(0)(1+i)^n,\ a(t)=(1+i)^t,\ i_n=\frac{(1+i)^n-(1+i)^{n-1}}{(1+i)^{n-1}}=i.$$

23.1.3 实验内容

数据来源：本章实验所需的数据请到华南农业大学“概率统计”精品课程网站下载：http://202.116.160.98：8000/course/gll/jpkc/index.asp. 下载方法：进入精品课程网站→网络资源→保险精算实验数据.

1. 复习与总结利息的度量和年金的数学公式.

2. 设年利率为6%，贴现率为6%，在两种情况下分别计算1年内($t=1/12$，$2/12$，…，$12/12$)共12月的单利和复利的情况下的累积值，再计算12年内($t=1$，2，…，12)共12年的单利和复利的情况下的累积值，并画出这两种情况的累积函数图形，同时针对图形进行分析.

3. 通过搜寻和阅读银行网页贷款业务说明，了解两种常见的贷款还款方式，上网搜索一份银行的贷款合同，根据现行的公积金贷款利率，拟一份贷款合同(填上贷款额10万元，贷款时间10年，换款方式).

4. 下载“保险精算实验数据”，参考Excel还款案例表1，为你拟定的合同以最新的公积金贷款利率重新计算制作一份两种还款方式下的Excel还款现金流表(偿还表)(也可以用MATLAB求解).

23.1.4 实验仪器

Excel 2003以上版本，安装分析工具库和MATLAB软件.

23.1.5 实验步骤和结果分析

按实验内容编写实验步骤，通过实验写出实验结果并进行分析，最后撰写实验报告.

23.1.6 收获与思考

读者完成.

23.1.7 思考题

1. 根据银行的两种贷款还款方式的数学模型，利用软件编写程序实现计算过程.

2. 信用卡还款是按日计息，房贷是按月计息，尝试建立按日计息的贷款数学模型，用按日计息是否在房贷的还款上能省利息(计息频率与还款频率不一致)?

3. 通过银行网站主页了解银行贷款和还款方式的创新——随借随还业务，同时思考怎样建立随借随还业务的还款数学模型?

23.2　生命表与精算换算表分析

实验类型为验证设计性实验；实验学时为四学时.

23.2.1　实验目的

1. 进一步熟悉 Excel 基本命令与操作.

2. 会用 Excel 录入新旧生命表数据，制作新旧生命表精算换算表.

3. 会用 Excel 绘图并进行新旧生命表死亡率分析.

23.2.2　实验理论与方法

1. 什么是计算基数

定义：在保险精算学中，有些保费的计算过程往往很繁琐，为简化计算步骤，引入一些换算函数，这些换算函数是一些根据假定条件事先算好的中间量，也称为计算基数，一般的保费计算都可以表示成这些计算基数的函数形式.

2. 常用计算基数

$$C_x = v^{x+1} d_x,\ D_x = v^x l_x,\ M_x = \sum_{k=0}^{\infty} C_{x+k},$$

$$N_x = \sum_{k=0}^{\infty} D_{x+k},\ R_x = \sum_{k=0}^{\infty} M_{x+k} = \sum_{k=0}^{\infty} (k+1) C_{x+k}.$$

23.2.3　实验内容

1. 复习并总结生命表基础的四个精算函数 $s(x)$，${}_tp_x$，${}_tq_x$，μ_x 的定义式与它们之间的换算关系式.

2. 复习并总结连续型生存分布(理论分布)的数学模型，在四个模型下由 $s(x)$的解析式推导出 μ_x 的解析式.

3. 复习并总结生命表函数的定义.

4. 复习并总结换算计算基数表相关的公式，下载“保险精算实验数据”，并根据 Excel 生命表与换算表 2 中的新版生命表数据，利用 Excel 制作出一张 2000—2003 年版非养老金业务男性、非养老金业务女性、养老金业务男性、养老金业务女性计算基数表($i=0.06$)，数据保存在同一份 Excel 文件中.

5. 下载“保险精算实验数据”，根据 Excel 生命表与换算表 2 中的旧版生命表数据，制作 4 张 1990—1993 年版的换算计算基数表($i=0.06$)，数据保存在同一份 Excel 文件中.

23.2.4 实验仪器

Excel 2003 以上版本，安装分析工具库.

23.2.5 实验步骤和结果分析

按实验内容编写实验步骤，通过实验写出实验结果并进行分析，最后撰写实验报告.

23.2.6 收获与思考

读者完成.

23.2.7 思考题

下载“保险精算实验数据”，根据 Excel 生命表与换算表 2 新旧生命表的死亡率数据，以及利用 Excel 计算出死亡率的增长率并作出其变化图，最后根据数据和图形说明新旧生命表死亡率的变化情况.

23.3 寿险保单保险精算分析

实验类型为验证设计性实验；实验学时为四学时.

23.3.1 实验目的

1. 会用 Excel 根据生命表精算换算表分别计算人寿保险、生存年金的趸交保费、期缴保费和毛保费.

2. 会用 Excel 进行新旧生命表下以及不同利率水平下保费变动的分析.

23.3.2 实验理论与方法

用计算基数表示常见寿险的趸缴纯保费.

1. 定期寿险：$A^1_{x:\overline{n}|}=\dfrac{M_x-M_{x+n}}{D_x}$.

2. 终身寿险：$A_x=\dfrac{M_x}{D_x}$.

3. 两全保险：$A_{x:\overline{n}|}=\dfrac{M_x-M_{x+n}+D_{x+n}}{D_x}$.

4. 延期 m 年的 n 年定期保险：${}_{m|}A^1_{x:\overline{n}|}=\dfrac{M_{x+m}-M_{x+m+m}}{D_x}$.

5. 延期 m 年的 n 年期两全保险：${}_{m|}A_{x:\overline{n}|}=\dfrac{M_{x+m}-M_{x+m+n}+D_{x+m+n}}{D_x}$.

6. n 年定期生存险：$A_{x:\overline{n}|}^{\ 1}=\dfrac{D_{x+n}}{D_x}$.

7. 递增型 n 年定期保险：$(IA)^1_{x:\overline{n}|}=\dfrac{R_x-R_{x+n}-nM_{x+n}}{D_x}$.

8. 递减型 n 年定期保险：$(DA)^{1}_{x:\overline{n}|}=\dfrac{nM_x+(R_{x+1}-R_{x+n+1})}{D_x}$.

23.3.3　实验内容

1. 复习并总结利用换算函数表计算传统寿险（死亡保险）趸交纯保费、期交纯保费的方法与公式．

2. 利用 2000—2003 年版换算函数表 $i=0.06$，利用 Excel 表格完成传统寿险趸交纯保费与期交保费的计算（下载“保险精算实验数据”，传统寿险案例参见 Excel 表 3）．

3. 复习并总结利用换算函数表计算传统保险毛保费的方法与公式，设计定期寿险、终身寿险、两全保险的不同缴费期的费用比例，计算毛保费费率表与毛保费公式．

4. 利用 2000—2003 年版换算函数表 $i=0.06$，利用 Excel 表格完成 2 定期寿险、终身寿险、两全险的毛保费（下载“保险精算实验数据”，传统寿险案例参见 Excel 表 3，传统寿险费率参见 Excel 表 4）．

5. 复习并总结利用换算函数表计算生存年金净保费与毛保费的方法与公式．

6. 利用 2000—2003 年版换算函数表 $i=0.06$，利用 Excel 计算不同缴费期的年金产品（60 岁给付）的净保费与毛保费的计算（下载“保险精算实验数据”，年金产品案例和年金产品费率参见 Excel 表 5）．

23.3.4　实验仪器

Excel 2003 以上版本，安装分析工具库．

23.3.5　实验步骤和结果分析

按实验内容编写实验步骤，通过实验写出实验结果并进行分析，最后撰写实验报告．

23.3.6　收获与思考

读者完成．

23.3.7　思考题

利用 Excel 作图完成死亡率变动与利率变动对保费计算的影响．

23.4　基础险种准备金精算

实验类型为验证设计性实验；实验学时为四学时．

23.4.1　实验目的

1. 会用 Excel 根据生命表精算换算表和费率表计算基础险种理论责任准备金，修正责任准备金以及毛保费责任准备金．

2. 会用 Excel 进行新旧生命表下以及不同利率水平下准备金变动的敏感

度分析．

23.4.2 实验理论与方法

全离散寿险的责任准备金

1. 终身寿险

$$ {}_kV_x = A_{x+k} - P_x\ddot{a}_{x+k}. $$

2. n年定期险

$$ {}_t^hV_{x:\bar{n}}^1 = \begin{cases} A_{x+k:\overline{n-k}|}^1 - {}_h\bar{P}^1(\ddot{a}_{x:\bar{n}})\bar{a}_{x+k:\overline{h-k}|}, & k < n, \\ 0, & k=n. \end{cases} $$

3. n年两全险

$$ {}_kV_{x:\bar{n}}^1 = \begin{cases} A_{x+k:\overline{n-k}|}^1 - {}_h\bar{P}(A_{x:\bar{n}})\ddot{a}_{x+k:\overline{n-t}\bar{k}}, & k < n, \\ 1, & k=n. \end{cases} $$

4. h年限缴费终身寿险

$$ {}_k^hV_x = \begin{cases} A_{x+k} - {}_hP_x(\ddot{a}_{x+k:\overline{h-k}|})\ddot{a}_{x+k:\overline{n-t}\bar{k}}, & k < h, \\ A_{x+k}, & k \geqslant h. \end{cases} $$

5. h年缴费n年期两全险

$$ {}_t^hV_{x:\bar{n}} = \begin{cases} A_{x+k:\overline{n-k}|}^1 - {}_h\bar{P}(\ddot{a}_{x:\bar{n}})\bar{a}_{x+k:\overline{h-k}|}, & k < h < n, \\ A_{x+k:\overline{n-k}|}^1, & h \leqslant k < n, \\ 1, & k=n. \end{cases} $$

23.4.3 实验内容

1. 总结完全连续型、完全离散型、半连续型各类保单的准备金的精算公式．

2. 总结各类保单的修正准备金和毛保费责任准备金的精算公式．

3. 利用 2000—2003 年版换算函数表 $i=0.06$，利用 Excel 表格完成趸交终身寿险的责任准备金的计算．

4. 利用 2000—2003 年版换算函数表 $i=0.06$，利用 Excel 表格完成终身寿险终身缴费的责任准备金的计算．

5. 利用 2000—2003 年版换算函数表 $i=0.06$，利用 Excel 表格完成两全保险 20 年期 20 年缴费的责任准备金的计算．

6. 利用 2000—2003 年版换算函数表 $i=0.06$，利用 Excel 表格完成终身寿险 20 年缴费的责任准备金和毛保费责任准备金的计算(下载“保险精算实验数据”，传统寿险费率参见 Excel 表 4)．

23.4.4 实验仪器

Excel 2003 以上版本，安装分析工具库．

23.4.5 实验步骤和结果分析

按实验内容编写实验步骤，通过实验写出实验结果并进行分析，最后撰写

实验报告.

23.4.6　收获与思考

读者完成.

23.4.7　思考题

利用 Excel 作图完成死亡率变动与利率变动对准备金计算的影响.

附　　录

附录一　基础演示性实验报告样例

MATLAB 运算基础与矩阵处理

一、实验内容、步骤和结果

要求：实验报告需要写出程序代码、实验步骤以及实验结果．

1. 练习下面指令，写出每个指令的作用．

cd，clear，dir，path，help，who，whos，save，load.

（1）cd：设置当前目录窗口．

（2）clear：清除工作空间的所有变量．

（3）dir：例举具有特定格式的当前目录文件．

（4）path：把用户目录临时纳入搜索路径．

（5）who：显示工作空间中驻留的变量名清单．

（6）whos：详细列出工作空间驻留的变量名清单，以及它们的维数、所占的字节和变量类型．

（7）save：保存当前工作空间的变量．

（8）load：加载变量或数据文件进入工作空间．

2. 建立自己的工作目录 MYBIN 和 MYDATA，并将它们分别加到搜索路径的前面或者后面．

（1）新建工作文件夹 MYBIN 和 MYDATA.

（2）打开 MATLAB，点击菜单栏"file"－"Set Path…"．

（3）在弹出的窗口下，点击"Add Folder…"，分别选择新建的 MYBIN 和 MYDATA 路径，点击确定．

（4）分别点击"Move Up"和"Move Down"来调整搜索路径的顺序．

3. 求$[12+2\times(7-4)]\div 3^2$ 的算术运算结果．

MATLAB 命令：(12＋2＊(7－4))/3^2

运行结果：ans＝2

4. 求出下列表达式的值，然后显示 MATLAB 工作空间的使用情况并保存全部变量．

$z_1=\frac{2\sin 85°}{1+e^2}$,

$z_2=\frac{1}{2}\ln(x+\sqrt{1+x^2})$，其中 $x=\begin{bmatrix} 2 & 1+2i \\ -0.45 & 5 \end{bmatrix}$.

MATALB 命令：

```
z1=2*sin(85/180*pi)/(1+exp(1)^2)
x=[2, 1+2i; -0.45, 5]
z2=1/2*(log(x+sqrt(1+x^2)))
```

运行结果：

$z_1=0.2375$,

$\boldsymbol{x}=\begin{bmatrix} 2.0000 & 1.0000+2.0000i \\ -0.4500 & 5.0000 \end{bmatrix}$,

$\boldsymbol{z}_2=\begin{bmatrix} 0.7114-0.0253i & 0.8968+0.3658i \\ 0.2139+0.9343i & 1.1541-0.0044i \end{bmatrix}$.

保存全部变量命令：save mydata

5. 利用 MATLAB 的帮助功能分别查询 inv、plot、max、round 函数的功能和用法．

(1) 在命令窗口输入命令“help inv”得到结果：

```
inv    Matrix inverse.
inv(X) is the inverse of the square matrix X.
A warning message is printed if X is badly scaled or nearly singular.
```

(2) 在命令窗口输入命令：help plot 得到结果：

略

(3) 在命令窗口输入命令：help max 得到结果：

略

(4) 在命令窗口输入命令：help round 得到结果：

略

6. 写出完成下列操作的命令．

建立 3 阶单位矩阵；

建立 5*6 随机矩阵 **A**，其元素为[100，200]范围内的随机整数；

产生均值为 1，方差为 0.2 的 50 个正态分布的随机数；

产生和 **A** 同样大小的幺矩阵；

将矩阵 **A** 的对角线元素加 30；

从矩阵 **A** 提取对角线元素，并以这些元素构成对角阵 ***B***.

实验步骤及结果：

(1) eye(3, 3)

(2) A=round(rand(5, 6) * 100+100) %round 为四舍五入取整函数

(3) 1+sqrt(0.2) * randn(1, 50)

(4) ones(size(A))

(5) eye(size(A)) * 30+A

(6) B=diag(diag(A))

7. 已知：

$$\boldsymbol{A}=\begin{pmatrix}12 & 34 & -4\\34 & 7 & 87\\3 & 65 & 7\end{pmatrix},\ \boldsymbol{B}=\begin{pmatrix}1 & 3 & -1\\2 & 0 & 3\\3 & -2 & 7\end{pmatrix},$$

求下列表达式的值：

(1) K11=A+6 * B 和 K12=A−B+I(其中 I 为单位矩阵)

(2) K21=A * B 和 K22=A. * B

(3) K31=A^3 和 K32=A.^3

(4) K41=A/B 和 K42=B\A

(5) K51=[A, B]和 K52=[A([1, 3],:); B^2]

实验步骤及结果：

(1) 命令：

```
A=[12, 34, -4; 34, 7, 87; 3, 65, 7];
B=[1, 3, -1; 2, 0, 3; 3, -2, 7];
K11=A+6 * B, K12=A+B+eye(size(A))
```

结果：

$$\boldsymbol{K}_{11}=\begin{pmatrix}18 & 52 & -10\\46 & 7 & 105\\21 & 53 & 49\end{pmatrix},\ \boldsymbol{K}_{12}=\begin{pmatrix}14 & 37 & -5\\36 & 8 & 90\\6 & 63 & 15\end{pmatrix}.$$

(2) 命令：

```
K21=A * B, K22=A. * B
```

结果：

$$\boldsymbol{K}_{21}=\begin{pmatrix}68 & 44 & 62\\309 & -72 & 596\\154 & -5 & 241\end{pmatrix},\ \boldsymbol{K}_{22}=\begin{pmatrix}12 & 102 & 4\\68 & 0 & 261\\9 & -130 & 49\end{pmatrix}.$$

(3) 命令：

```
K31=A^3, K32=A.^3
```

结果：

$$K_{31}=\begin{pmatrix}37226 & 233824 & 48604\\ 247370 & 149188 & 600766\\ 78688 & 454142 & 118820\end{pmatrix},\ K_{32}=\begin{pmatrix}1728 & 39304 & -64\\ 39304 & 343 & 658503\\ 27 & 274625 & 343\end{pmatrix}.$$

(4) 命令：

K41=A/B，K42=B\A

结果：

$$K_{41}=\begin{pmatrix}16.4 & -13.6 & 7.6\\ 35.8 & -76.2 & 50.2\\ 67.0 & -134.0 & 68.0\end{pmatrix},\ K_{42}=\begin{pmatrix}109.4 & -131.2 & 322.8\\ -53.0 & 85.0 & -171.0\\ -61.6 & 89.8 & -186.2\end{pmatrix}.$$

(5) 命令：

K51=[A，B]，K52=[A([1，3],:)；B^2]

结果：

$$K_{51}=\begin{pmatrix}12 & 34 & -4 & 1 & 3 & -1\\ 34 & 7 & 87 & 2 & 0 & 3\\ 3 & 65 & 7 & 3 & -2 & 7\end{pmatrix},\ K_{52}=\begin{pmatrix}12 & 34 & -4\\ 3 & 65 & 7\\ 4 & 5 & 1\\ 11 & 0 & 19\\ 20 & -5 & 40\end{pmatrix}.$$

8. 下面是一个线性方程组：

$$\begin{pmatrix}1/2 & 1/3 & 1/4\\ 1/3 & 1/4 & 1/5\\ 1/4 & 1/5 & 1/6\end{pmatrix}\begin{pmatrix}x_1\\ x_2\\ x_3\end{pmatrix}=\begin{pmatrix}0.95\\ 0.67\\ 0.52\end{pmatrix},$$

(1) 求方程的解.

(2) 将方程右边向量元素 b_3 改为 0.53，再求解，并比较 b_3 的变化和解的相对变化.

实验步骤及结果：

(1) 命令：

A=[1/2，1/3，1/4；1/3，1/4，1/5；1/4，1/5，1/6]

B=[0.95；0.67；0.52]

inv(A) * B

结果：

$$ans=\begin{pmatrix}1.2\\ 0.6\\ 0.6\end{pmatrix}.$$

(2) 命令：

A=[1/2，1/3，1/4；1/3，1/4，1/5；1/4，1/5，1/6]

```
B=[0.95; 0.67; 0.53]
inv(A) * B
```

结果：

$$ans=\begin{pmatrix} 3.0 \\ -6.6 \\ 6.6 \end{pmatrix}.$$

比较：b_3 只是稍微变化了 0.01，对应的解就发生了巨大的变化．这说明系数矩阵的条件数很大，为病态矩阵．相应地计算 2 -范数下的条件数得 cond(A)=1353.3，远比 1 大．

二、实验心得

由于初步接触 MATLAB，所以不是很适应其命令式的使用方式和交互方式，在按照实验题目一步一步摸索后逐步感觉到 MATLAB 的强大功能．对 MATLAB 的运行界面有了一定的了解．加载数据、新建工作变量、设置目录和增加工作空间都是非常基本而且重要的操作．由于 MATLAB 是全英文界面，刚开始进行这些操作的时候总感觉非常地不适应．不过在仔细地查看单词意思和熟悉界面后，对这些简单的操作和常用的命令很快适应了．

使用 MATLAB 进行数值运算特别是矩阵运算确实非常便捷，与传统的编程语言相比，MATLAB 省去许多繁琐的声明和格式，增加许多强大的功能函数，只需在命令窗口输入几条语句就可以解决传统编程语言难以解决的数值计算问题，如矩阵运算、多项式计算等．通过使用 help 语句对不知道的函数进行学习了解，只需知道函数名就可以方便地了解和学习，找到一种快速学习 MATLAB 的方法．

在本次实验中发现左除和右除的一些细小的差别．对于数而言，左除和右除都是线上值除以线下值．对于矩阵而言，由于矩阵相乘不满足交换率，所以 A/B 和 B\A 字面意义上的 A 除以 B，实际上是 $\boldsymbol{AB}^{-1}$ 和 $\boldsymbol{B}^{-1}\boldsymbol{A}$ 的区别．

附录二　验证设计性实验报告样例

供求关系实验——一个苹果市场

一、实验内容

在苹果农贸市场上购买和销售苹果，目标是获得最大利润．假定每人需要购买一个苹果，而苹果销售商手上均有一个苹果用于出售．通过参与给定的不同实验情境，了解市场中商品交易的流程；探讨竞争性市场中商品价格的形成过程；理解供给、需求、市场均衡、利润和社会福利的含义；探究供求变动对市场均衡价格、均衡数量和利润的影响．

二、实验步骤与结果分析

1. 实验步骤

（1）熟悉实验情境和实验规则．

假定你是买方，给出买方价值10元，最高报价应是10元，如果以7元价格成交，本轮的收益是3元．

（2）角色分配，你是卖方；随机领取的买方价值或卖方成本是4元，进行自由交易．

（3）你在每一轮的交易形式分别是私下讨论交易、公开报价要约．

（4）签订销售合同ID：S1，D5；成交价：6元；买方价值：8元；卖方成本：4元．

（5）记录交易信息．

轮次	身份	买方价值或卖方成本	收益	累计收益
1	卖方	4元	2元	2元
2	买方	8元	3元	5元

（6）分析单轮理论供需、实际成交信息和市场效率趋势．

2. 结果分析

（1）绘制供给表格和需求表格．

价格—数量组合	1	2
价格(元)	5	5.5
供给量或需求量(单位数)	10	6

（2）画出供给曲线，寻找均衡的价格和数量．

（3）计算利润和消费者剩余，分析在不同情境下供求关系的变化以及市场均衡的形成．

三、实验心得

由于第一次参加这种模拟市场的交易，交易的商品并非实物，第一次交易的时候，遇到一些困难．比如，一进入市场就着急交易，没有去深入了解市场；不懂怎样报价是合适的，市场信息不透明；买卖双方的报价差异太大等．在熟悉了实验的规则后，第二次交易开始就比较进入状态了，先在市场搜寻有关报价的信息、潜在的买卖双方、市场的价格信息等，然后交易双方进行讨价还价，都在试图达成最后的交易以实现利润最大化的目标．

通过几轮的交易，市场上苹果的交易价格在逐渐趋于稳定，通过需求曲线和供给曲线也可以看出苹果交易价格在某一特定水平上，买卖双方交易数量达到一致，竞争均衡价格在逐步形成．根据实验的预期设计，对利润和消费者剩余的计算也可以得到结果．

这次实验是在实验市场的交易环境下预测产出竞争均衡理论，同时可以思考一下，谁在竞争均衡中实现交易，市场效率如何来决定等问题．

附录三　建模探究性实验报告样例

常微分方程的求解与定性分析

一、实验内容

1. 使用 MATLAB 命令对微分方程(组)进行求解(包括解析解、数值解)．
2. 利用图形对解的特征做定性分析．
3. 建立微分方程方面的数学模型，并了解建立数学模型的全过程．

二、实验步骤

1. 开启软件平台——MATLAB，开启 MATLAB 编辑窗口．
2. 根据微分方程求解步骤编写 M 文件．
3. 保存文件并运行．
4. 观察运行结果(数值或图形)．
5. 根据观察到的结果和体会写出实验报告．

三、实验要求与任务

根据实验内容和步骤，完成以下实验，要求写出实验报告．

1. 求微分方程的解析解，并画出图形．

$$y'=y+2x,\ y(0)=1,\ 0<x<1.$$

2. 求微分方程的数值解，并画出图形．

$$y''+y\cos x=0,\ y(0)=1,\ y'(0)=0.$$

3. 两种相似的群体之间为了争夺有限的同一种食物来源和生活空间而进行生存竞争时，往往是竞争力较弱的种群灭亡，而竞争力较强的种群达到环境容许的最大数量．

假设有甲、乙两个生物种群，当它们各自生存于一个自然环境中，均服从 Logistic 规律．

(1) $x_1(t)$，$x_2(t)$ 是两个种群的数量．

（2）r_1，r_2是它们的固有增长率．

（3）n_1，n_2 是它们的最大容量．

（4）$m_2(m_1)$为种群乙（甲）占据甲（乙）的位置的数量，并且 $m_2=\alpha x_2$；$m_1=\beta x_1$.

$$\begin{cases}\dfrac{dx_1}{dt}=r_1x_1\left(1-\dfrac{x_1+m_2}{n_1}\right),\\ \dfrac{dx_2}{dt}=r_2x_2\left(1-\dfrac{x_2+m_1}{n_2}\right).\end{cases}$$

①设 $r_1=r_2=1$，$n_1=n_2=100$，$m_1=0.5$，$m_2=2$，$x_{10}=x_{20}=10$，计算 $x_1(t)$，$x_2(t)$，画出图形及相轨迹图，解释其解变化过程．

②改变 r_1，r_2，n_1，n_2，x_{10}，x_{20}，而 α，β 不变，计算并分析结果；若 $\alpha=1.5$，$\beta=0.7$，再分析结果．由此能得到什么结论？

四、实验求解

1. 题目微分方程的解析解求解并画出图形步骤为

（1）计算出方程的解析解：

```
y=dsolve('Dy=y+2*x', 'y(0)=1', 'x');
```

（2）输入画图命令：

```
fplot(char(y), [0 1 0 5]); 或 ezplot(y, [0, 1]);
```

实验结果(图 1)：

```
y= 3*exp(x)- 2*x-2
```

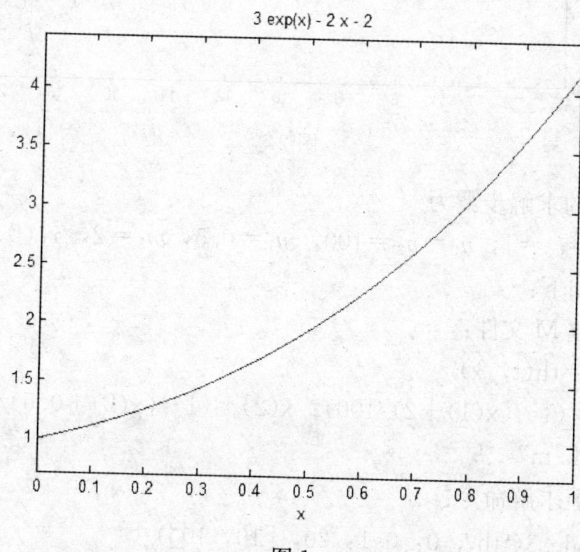

图 1

2. 题目微分方程的数值解求解并画出图形步骤为

(1) 创建函数M文件：

```
function f=two(x, y)
f=[y(2); -y(1)*cos(x)];
```

保存为“two.m”.

(2) 输入数值解求解命令：

```
[x, y]=ode23('two', [0, 20], [1, 0])
```

(3) 输入绘图命令：

```
y1=y(:, 1); y2=y(:, 2);
plot(x, y1, x, y2, '--');
```

实验结果(图2)：

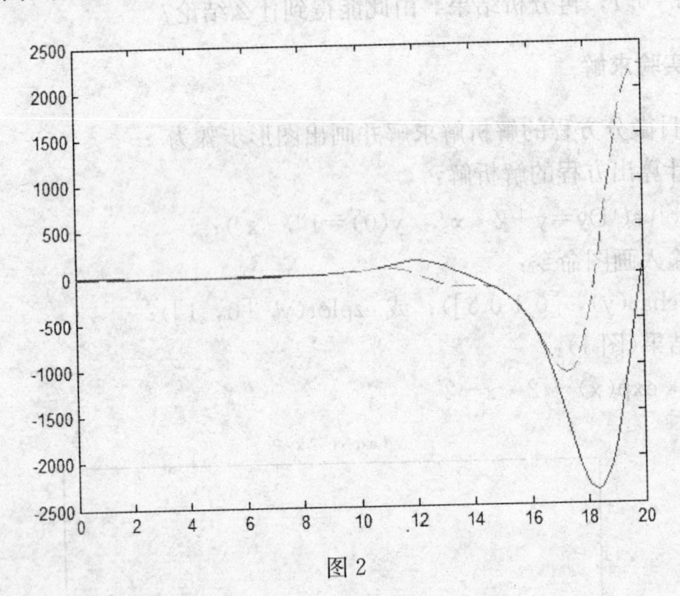

图2

3. 题目3的求解步骤为

(1) 当 $r_1=r_2=1$，$n_1=n_2=100$，$m_1=0.5$，$m_2=2$，$x_1(0)=x_2(0)=10$ 时，求解步骤如下：

①创建函数M文件：

```
function f=th(t, x)
f=[x(1)*(1-(x(1)+2)/100); x(2)*(1-(x(2)+0.5)/100)];
```

保存为“th.m”.

②输入数值求解命令：

```
[t, x]=ode23('th', 0:0.1:20, [10, 10])
```

③输入绘图命令：

x1＝x(:，1)；x2＝x(:，2)；plot(t，x1，t，x2，'--')；

figure；

plot(x1，x2)；

实验结果(图 3、图 4)：

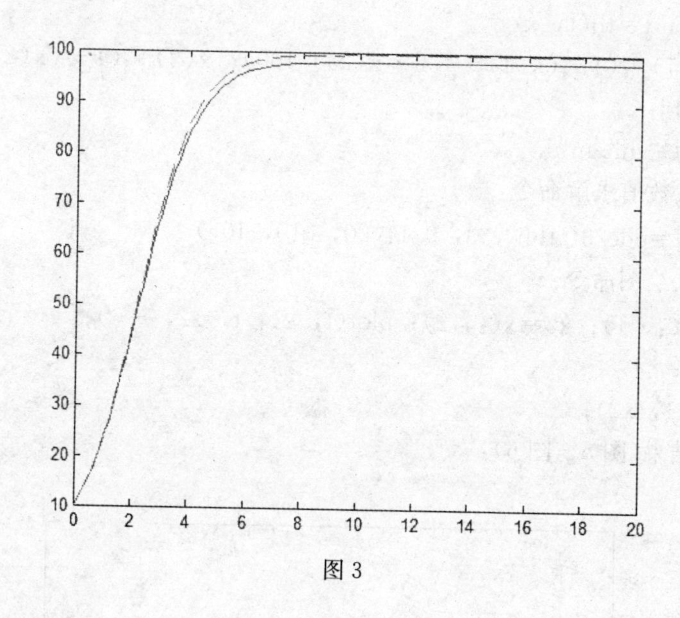

图 3

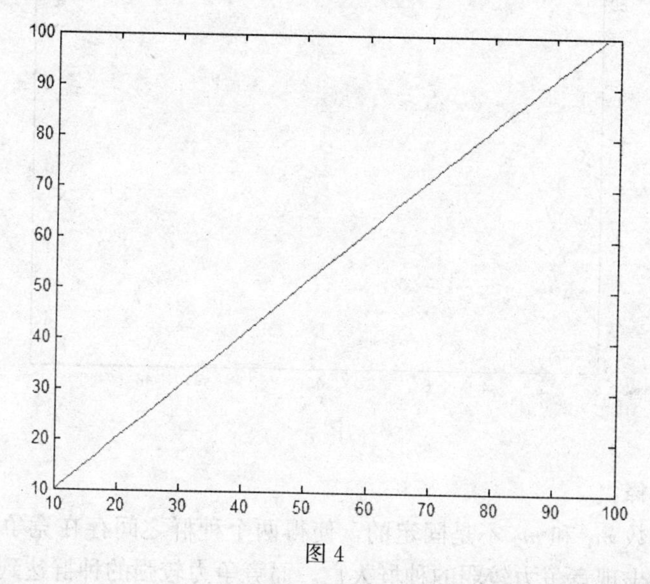

图 4

结果解释：

由于某些参数(m_1 和 m_2)的固定，使得两个种群之间并没有存在任何竞争关系，所以两个种群都按照相同的种群增长率增长到最大环境容量．

(2) 当 $\alpha=1.5$，$\beta=0.7$，假设：$r_1=r_2=1$，$n_1=n_2=100$，$x_1(0)=x_2(0)=10$，则求解步骤如下：

①创建函数 M 文件：

```
function f=th(t, x)
f=[x(1)*(1-(x(1)+1.5*x(2))/100); x(2)*(1-(x(2)+0.7*x(1))/100)];
```

保存为“thh. m”．

②输入数值求解命令：

```
[t, x]=ode23('thh', 0: 0.1: 20, [10, 10])
```

③输入绘图命令：

```
x1=x(:, 1); x2=x(:, 2); plot(t, x1, t, x2, '-');
figure;
plot(x1, x2);
```

实验结果(图 5、图 6)：

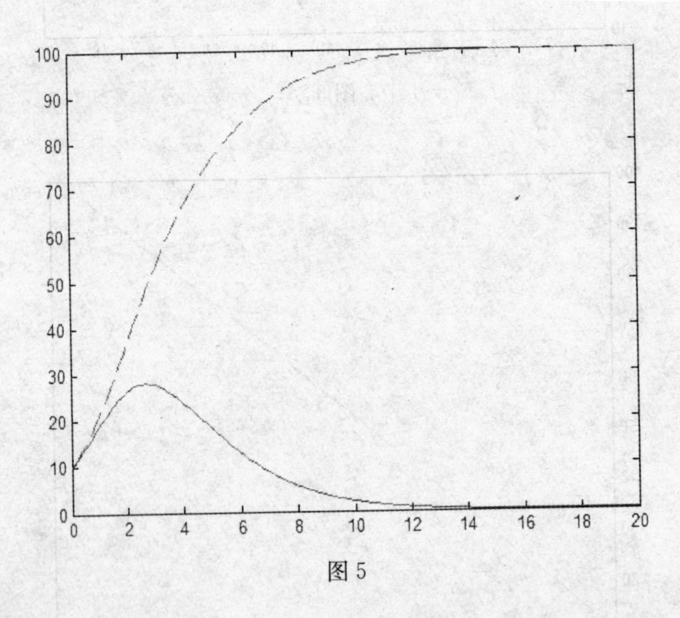

图 5

结果解释：

由于参数 m_1 和 m_2 不是固定的，使得两个种群之间存在竞争关系，所以两个种群会出现竞争力较弱的种群灭亡，而竞争力较强的种群达到环境容许的最大数量．

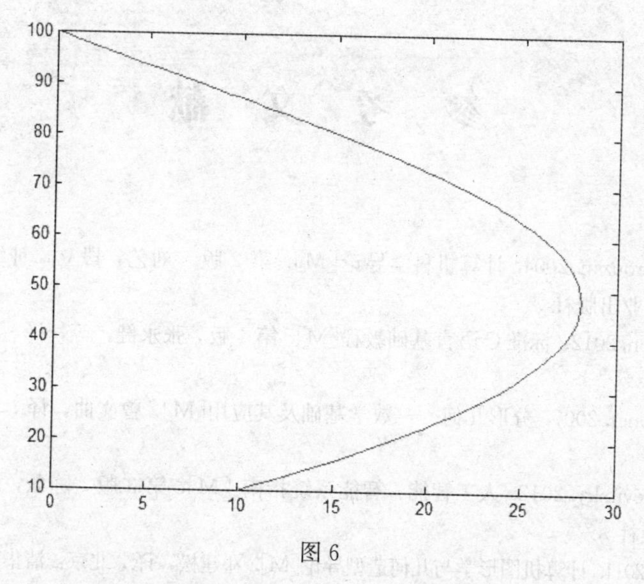

图 6

由于两个种群的增长率和初始数量一样，所以，从 $\alpha=1.5$，$\beta=0.7$ 的差异可以看到，α 表示种群乙的竞争力，β 表示种群甲的竞争力．所以种群乙竞争力比种群甲强，最终得到发展．而种群乙处于劣势则逐渐消亡．

经过改变初始种群数和固有增长率（r_1 和 r_2，$x_1(0)$ 和 $x_2(0)$），发现这些差异，并没有改变竞争力强一方生存而竞争力弱一方消亡的结局（这里没有显示改变数据后的实验结果）．

五、实验心得

（1）微分方程的求解是一个比较困难的编程问题，但是实验中使用了 MATLAB 软件，使得微分方程的求解非常简便，这样就大大降低了微分方程建模的难度．

（2）微分方程模型的直观性，体现在其图形绘制上，通过绘制出微分方程求解的函数图像，我们可以以更直观的方式解释和分析实际问题．

遇到的困难：

因为 MATLAB 软件的一些限制，微分方程求解时需要对得到的微分方程模型进行简化，一般需要简化为 1 阶的微分方程组，这无疑是对模型求解的一个极大的约束，当面对比较复杂的微分方程模型的时候，求解起来也并非易事．

参 考 文 献

Behrouz A. Forouzan. 2004. 计算机科学导论[M]. 第2版 . 刘艺，段立，钟维亚，译 . 北京：机械工业出版社 .

Gary J. Bronson. 2012. 标准C语言基础教程[M]. 第4版 . 张永健，等，译 . 北京：电子工业出版社 .

Kenneth Falconer. 2007. 分形几何——数学基础及其应用[M]. 曾文曲，译 . 北京：人民邮电出版社 .

Michael Negnevitsky. 2012. 人工智能：智能系统指南 [M]. 第3版 . 陈薇，译 . 北京：机械工业出版社 .

Ron Goldman. 2011. 计算机图形学与几何造型导论[M]. 邓建松，译 . 北京：清华大学出版社 .

陈奇斌 . 2012. 数学与金融工程[M]. 广州：华南理工大学出版社 .

程光，杨望 . 2013. 网络安全实验教程[M]. 北京：清华大学出版社 .

邓东皋，孙小礼，张祖贵 . 1990. 数学与文化[M]. 北京：北京大学出版社 .

杜亚斌 . 2010. 金融建模使用 Excel 和 VBA[M]. 北京：机械工业出版社 .

高鸿业 . 2014. 西方经济学(宏观部分)[M]. 北京：中国人民大学出版社 .

姜波克 . 2012. 国际金融新编 [M]. 第5版 . 上海：复旦大学出版社 .

姜礼尚 . 2008. 期权定价的数学模型和方法[M]. 北京：高等教育出版社 .

孔志周，肖百龙 . 2011. 数据挖掘实验[M]. 北京：中国统计出版社 .

李楚霖，杨明 . 2014. 金融分析及应用[M]. 北京：首都经济贸易大学出版社 .

李水根 . 2004. 分形[M]. 北京：高等教育出版社 .

李秀芳 . 2008. 寿险精算实务实验教程[M]. 北京：中国财政经济出版社 .

梁昆淼 . 2010. 数学物理方法[M]. 第3版 . 北京：高等教育出版社 .

马守荣，谭朵朵，侯鹏 . 2010. 数理统计学实验[M]. 北京：中国统计出版社 .

莫海芳，张慧丽 . 2013. 大学计算机应用基础实验指导(Windows 7+Office 2010)[M]. 第2版 . 北京：电子工业出版社 .

彭芳麟 . 2014. 数学物理方程的 MATLAB 解法与可视化[M]. 北京：清华大学出版社 .

谭浩强，张基温 . 2006. C语言习题集与上机指导[M]. 第3版 . 北京：高等教育出版社 .

涂晓今 . 2008. 经济学实验[M]. 北京：经济科学出版社 .

王明新 . 2009. 数学物理方程[M]. 北京：清华大学出版社 .

王汝传，黄海平，林巧民，蒋凌云 . 2014. 计算机图形学教程 . [M]. 第3版 . 北京：人民邮电出版社 .

王珊，萨师煊 . 2012. 数据库系统概论 . [M]. 第4版 . 北京：高等教育出版社 .

魏福义 . 2012. 线性代数[M]. 第3版 . 北京：中国农业出版社 .

西奥多·C. 伯格斯特龙，约翰·H. 米勒. 2008. 微观经济学实验[M]. 大连：东北财经大学出版社.
夏定纯，徐涛. 2008. 计算智能[M]. 北京：科学出版社.
阳明盛，罗长童. 2006. 最优化原理、方法及求解软件[M]. 北京：科学出版社.
张文云. 2006. 证券投资实验教程[M]. 北京：中国金融出版社.
章绍辉. 2012. 数学基础实验教程[M]. 广州：华南理工大学出版社.
郑振龙，陈蓉. 2012. 金融工程[M]. 第3版. 北京：高等教育出版社.
朱新蓉. 2010. 货币金融学[M]. 北京：中国金融出版社.

图书在版编目（CIP）数据

数学实验．数学与应用数学分册 / 魏福义，张昕总主编；张昕，张伟峰主编．—北京：中国农业出版社，2015.11

全国高等农林院校“十二五”规划教材　数学实验系列指导

ISBN 978-7-109-20982-4

Ⅰ.①数…　Ⅱ.①魏…　②张…　③张…　Ⅲ.①高等数学-实验-高等学校-教材　②应用数学-实验-高等学校-教材　Ⅳ.①O13-33

中国版本图书馆 CIP 数据核字（2015）第 237015 号

中国农业出版社出版

（北京市朝阳区麦子店街 18 号楼）

（邮政编码 100125）

策划编辑　魏明龙

文字编辑　朱　雷

北京万友印刷有限公司印刷　　新华书店北京发行所发行

2015 年 11 月第 1 版　　2015 年 11 月北京第 1 次印刷

开本：720mm×960mm　1/16　　印张：14

字数：240 千字

定价：27.00 元